TRIZ PRIZm

한지영 · 박성균 · 김성희 · 김병재 지음

머리말

2016년 1월 20일 스위스 다보스에서 개최된 세계경제포럼(WEF)에서 클라우스 슈밥 박사가 4차 산업혁명의 언급 이후 같은 해 3월에 진행된 이세돌 9단과 알파고의 대국을 지켜본 우리는 앞으로 펼쳐질 미래의 사회와 일자리의 지형 변화 등이 더 이상 전문가들만의 화두가 아니라는 것을 알 수 있게 되었다.

'디지털혁명'에 기반한 4차 산업혁명의 변화를 교육 분야에 적용하려고 할 때 가장 먼저 떠오르는 분야가 공학계열일 것이다. 그렇다면 단기적으로는 공대 교육을 어떻게 혁신해야 하는가? 라는 질문에서 시작하여 보다 장기적으로는 변화무쌍한 시대에 미래의 엔지니어를 어떻게 준비시켜야 하는가, 그리고 새로운 먹거리 창출을 위한 산업 재편을 위해 인력을 어떻게 양성해야 하는가? 라는 질문을 자연스럽게 던지게 된다.

4차 산업혁명 시대에 가장 우선적으로 요구되는 역량을 조사한 연구(WEF, 2016[1])에 의하면 복잡한 문제 해결능력을 들고 있는데, 이러한 역량을 공과대학 학생들이 어떻게 하면 가질 수 있는가에 대한 고민 끝에 과학기술정보통신부(전, 미래창조과학부)에서는 '실전문제 해결을 위한 X-Corps 사업단'(이하 실전문제연구단)을 지원하는 사업을 기획하는 등 중앙정부 차원에서 많은 노력을 기울이고 있다.

물론 이전에도 정부의 유사한 재정지원사업들이 존재하기는 했지만 공과대학의 주요한 이해당사자인 산업체에 대한 이해를 토대로 4차 산업혁명의 변화를 최전선에서 마주하고 있는 산업체의 복잡한 문제를 실제로 살펴보고 이의 해결방안을 창의적으로 제시해 보도록 하는 실전문제연구단 사업은 그 목적성이 매우 구체적이고 특화되어 있다고 할 수 있다.

그럼에도 불구하고 2017년도 1차 사업의 평가 결과를 살펴보면 기존의 다른 유사한 정부재정지원사업 성과를 그대로 답습하는 방식으로 진행되는 등의 문제점이 노출되었다.

또한, 1차년도 사업 운영에 있어 실전문제연구단 사업 체제 내에서 교육 및 컨설팅을 담당한 (사)한국기술사회에 각 대학 사업단이 요청한 교육 중에는 삼성, LG, 포스코, GE 등 기업에서 이미 적용하여 R&D 성과에 직접적인 기여를 한 트리즈(TRIZ)가 많았는데, 섭외

1) 출처; Future of Jobs Survey; employment, skills and workforce strategy for the fourth industrial revolution, World Economic Forum, 2016, [http://www3.weforum.org/docs/WEF_Future_of_Jobs.pdf]

되는 강사마다 교육의 수준과 내용이 다르다는 문제가 있었다. 또한 학생들은 본 사업을 비교과활동으로 진행하다 보니 장시간 교육을 받기 어렵다는 현실적인 한계도 있었다.

이러한 문제점에 대한 인식과 4차 산업혁명의 변화에 능동적으로 대처하는 엔지니어 양성의 목표 아래 과학기술정보통신부에서는 실전문제연구단 사업에 참여하는 학생들에게 실제적인 도움을 제공하고자 필요한 별도의 교재를 집필할 수 있도록 지원하였다.

본 교재는 처음 실전문제를 접하는 학생들이 어떻게 문제를 정의하고 창의적으로 해결해야 하는지 막막한 경우 도움이 될 수 있도록 트리즈의 국제인증자격 1수준부터 5수준까지의 내용 중 약 1.5 수준에 맞추어 기술되었다.

이 책은 총 4장으로 구성되어 있다. 1장은 트리즈를 왜 배우는지와 관련하여 트리즈에 대한 개요를 담고 있으며, 2장은 문제해결의 키를 찾기 위해 시스템적 사고를 통해 문제를 정의하고 시스템 갈등을 올바르게 바라볼 수 있는 눈을 키울 수 있도록 하였다. 그리고 3장에서는 트리즈의 다양한 문제해결방법을 소개하고 이들을 활용하여 실제 문제를 해결할 수 있도록 구성하였으며, 마지막 4장에서는 트리즈를 적용하여 문제를 해결하고자 할 경우 학생들이 활용할 수 있는 간단한 양식을 제공하고, 해당 양식을 적용한 문제해결 샘플을 함께 제시하였다.

본 교재의 제목인 'TRIZ PRIZm'은 2가지의 의미를 갖고 있다. 즉, 'TRIZ PRIZM'과 'TRIZ PRIZ'가 그것이다. 첫 번째 'TRIZ PRIZM'은 빛을 분산시켜 무지개를 만드는 프리즘의 사전적 의미에서 알 수 있듯이 엔지니어들이 해결해야 하는 많은 문제들을 'TRIZ'라는 '프리즘'을 통해 복잡하게 얽혀있는 문제들을 밝혀 아름다운 성과를 만들어 낸다는 의미를 담고 있다. 두 번째 'TRIZ PRIZ'는 본 연구진에게 트리즈 연구의 계기를 만들어주신 아주대학교 기계공학과의 고(故) 류승현 교수님과 연구팀을 만들면서 좋은 모임 이름을 만들자는 제안에 브랜드숲의 이미림 브랜드네이미스트에게 부탁하여 받은 트리즈 연구팀의 이름이다. 본 이름의 의미는 [TRIZ(연구과제) + Free(자유로운 사고) + Prize(연구의 성과)]에서 따온 것으로, 처음 모임을 시작한 세 사람(tri)이 모여 창의성을 위한 자유로운 사고를 통해 트리즈를 연구하고 도움이 되는 결과물을 성취한다는 의미를 갖고 있다.

본 교재의 전체적인 맥락과 내용은 이미 실전문제연구단에 참여하는 학생들에게 제공된 자료와 거의 유사하지만 일반 학생들이 활용하는데 문제가 없도록 내용 중 일부를 수정하였음을 머리말을 통해 밝히는 바이다.

과학기술정보통신부와 본 교재 집필 관리를 진행한 한국과학기술기획평가원에서는 본 교재가 실전문제연구단에 참여하는 학생들뿐만 아니라 문제해결에 관심이 있는 여타 학생들에게도 창의적 문제해결능력을 함양하는데 도움을 줄 것으로 판단하여 출판을 위해 지원을 아끼지 않았다. 이 자리를 빌어서 과학기술정보통신부의 이태준 사무관과 송권재 주무관, 그리고 한국과학기술기획평가원 혁신기반센터의 이정재 센터장과 김인자 박사님께 감사의 마음을 전합니다.

본 교재가 세상의 빛을 보기까지 집필진의 트리즈 연구에 기꺼이 조언과 자문을 해 주신 (사)한국트리즈협회 김만수 전(前) 회장님과 연구팀 멤버로 트리즈 연구를 오랫동안 함께 진행해 준 도담 특허법률사무소의 곽유미 변리사, 그리고 교재가 나오기까지 연구지원을 해 준 아주대학교 기계공학과 박사과정의 정찬호 군과 대진대학교 건축공학과 석사과정의 최유나 양, 그리고 GS인터비전의 송기수 대표님께 이 자리를 빌어 감사의 마음을 전합니다.

끝으로 트리즈의 세계에 처음 입문할 수 있도록 도와주시고 열정적으로 연구를 이끌어 가시면서 본 교재의 집필진을 서로 알게 해 주시고 하나가 될 수 있도록 구심점 역할을 하셨던 아주대학교 기계공학과의 고(故) 류승현 교수님께 다시 한번 깊은 감사의 마음을 드립니다.

집필진 일동

차 례

Symbols

키포인트

사례

생각해보기

생각해보기 풀이

참고문헌

CHAPTER 1.
트리즈(TRIZ)를 왜 배우는가?

1.1 트리즈의 개발 배경

1.2 창의력 도구, 문제해결 도구인가?

CH.1 트리즈(TRIZ)를 왜 배우는가?[2)]

1.1 트리즈의 개발 배경

볼세비키 혁명 약 10년 후에 구소련에서 태어난 겐리흐 알트슐러(1926)는 유년시절부터 유달리 잠수하기를 좋아했다. 장시간 잠수에 필요한 산소를 모으기 위해서는 산소가스에 압력을 가하거나 액체로 바꾸어야 하는데 기존의 방법은 장치가 복잡해서 유용하지 못했다. 이에 그는 14살 때 과산화수소로부터 산소를 만드는 장치를 발명하였으며, 이 장치를 써서 장시간 동안 수면 아래에 머물 수 있었다. 소년 알트슐러는 액체 과산화수소를 산소 가스로 바꾸는 상전이(phase transition)를 사용한 수중장치를 개발함으로써 생애 첫 번째 발명자 인증서를 받게 되었다.

이 시기 구소련에서는 특허를 거의 주지 않아 대부분의 발명가들이 발명자 인증서를 신청하여 정부로부터 교부받았다. 알트슐러와 그의 동료들은 이 발명자 인증서 양식의 거대한 데이터 베이스를 활용하여 수만 개의 발명자 인증서와 특허를 재조사하였다.

1946년 알트슐러는 보다 혁신적인 특허에서 자주 사용되는 패턴을 식별해 내면서 표준을 근거로 발명을 5가지 수준으로 정의하였다. 즉, 설계에 단순한 변경을 가한 특허는 가장 낮은 수준에 할당하고 어느 정도 시스템을 바꾼 특허는 보다 창의적이라 했으며, 새로운 과학을 소개한 특허는 매우 혁신적이라 했다. 이와 같은 창의적이고 혁신적인 특허는 모순에 대한 해결책을 제시하고 있는데 알트슐러는 이를 통하여 문제 해결사가 실제 적용할 수 있도록 예측 불가능한 '유레카!'를 기술진화의 특별한 패턴으로 바꾸었다.

기술진화의 패턴은 진화의 규칙성과 혁신 해결책에 사용된 원리를 포함하기 때문에 정의 가능한 법칙에 의해 지배 받는 프로세스로써 학습할 수 있게 되었다.

이러한 연구결과를 바탕으로 알트슐러는 트리즈를 세상에 소개하였는데, 트리즈(TRIZ)는 러시아 단어의 머리글자를 모은 것이다.

2) 본 장은 체계적인 이노베이션(존 터닌코 외 2인, 한국트리즈협회 연구회 역)의 1장 일부를 활용하여 정리하였음.

Teoriya Resheniya Izobretatelskikh Zadach

영어로는 'Theory of Inventive Problem Solving'으로 TIPS가 된다. 알트슐러의 '정확한 과학으로써의 창의성(Creativity as an Exact Science)"은 "Theory of the Solution of Inventive Problem(TSIP)"이라 번역하였다. 일부 단체는 트리즈를 체계적인 이노베이션이라고 부르기 때문에 트리즈에 관한 정보와 응용사례를 웹에서 찾으려면 4개의 이름을 모두 사용해야 한다. 트리즈는 이노베이션을 증가시키고 설계를 빠르게 개선한다는 독특한 수단을 제공하고 있어, 다른 성능 척도 사이의 갈등에 의해 야기된 타협을 제거하고 오히려 개선의 기회로써 갈등을 확인하여 설계 프로세스를 세련되게 하다

그러나, 트리즈는 1946-1949년에 등장한 순간부터 많은 논쟁을 불러일으키고 있다. 즉, 트리즈는 발명 창출 방법(invention-creating METHOD)으로 창안되었는데. 당시 발명 창출 방법과 같은 방법으로 창조하는 것은 불가능하다고 생각했다. 발명하는 능력은 자연의 선물로 여겨졌다. 이 선물이 있다면 발명할 수 있고 없다면 발명할 수 없다는 것이다. 그럼에도 불구하고, 1949년 이 방법은 창안되었고 매우 복잡한 문제를 푸는데 사용되었다. 이 방법을 사용해서 얻은 해결책으로 발명가 대회에서 그랑프리를 수상했고, 다른 문제들을 푸는데도 사용됨으로써 안정된 결과를 얻을 수 있었다. 이후, 알트슐러는 계속해서 이 방법을 그의 작업에 사용하며 엔지니어에게 알려주었고, 점차 개선되어 '창의적 문제 해결 알고리듬(the Algorithm of Inventive Problem Solving (ARIZ))'이라는 이름의 알고리듬으로 완성되었다.

그때 쯤, 발명 방법에 대한 여론이 좋은 방향으로 변하기 시작했는데 이 방법이 효과적임이 밝혀졌기 때문이다. 알트슐러와 같이 좋은 성과를 얻은 여러 사람들이 이 방법을 연구하고 사용하기 시작했다. 알트슐러는 새 버전을 배포하기 전에 테스트 문제를 가지고 확인했다. 이전 아리즈 버전을 사용하여 해결하지 못한 문제도 포함시켰다.

<표 1.1> 알트슐러의 주요 발견과 개발

이노베이션 수준
모순
기술적 모순
40가지 발명원리 (1956~1971)
39가지 기술적 파라미터
물리적 모순
4개의 분리 원리 (1979)
이상성 (1956)
76가지 표준 해결책 (1974~1985)
기술진화의 패턴 (1969~1979)
아리즈(ARIZ) (1959~1985)
물질-장 분석 (1977)

발명가 학교가 설립되기 시작하였고, 알트슐러 뿐만 아니라 그에게 교육받은 사람들을 통해서도 학교에서 아리즈가 교육되었다. 1980년대 중반까지 다양한 수준과 방식의 훈련을 하는 발명가 학교가 약 300개의 발명가 학교가 존재했다.

알트슐러와 그의 동료들이 처음 가설을 주창한 이후 아이디어를 증명하면서 아리즈의 이론적 기초를 세우고 뿐만 아니라 이를 새로운 아이디어로 인정받는데 30년이 넘는 시간이 걸렸다. 즉, 엔지니어가 실전에 사용하기 위한 하나의 이론과 도구가 통합되면서, 70년대 중반 아리즈를 기초로 한 발명이론은 '발명 문제 해결 이론(the Theory of Inventive Problem Solving (TRIZ))'이라는 이름을 얻게 되었나.

트리즈의 진화는 그 이론과 실제적인 도구를 단지 기술적인 시스템에만 적용할 수 있는 것이 아니라는 것을 증명했다. 이러한 가설은 초기 트리즈 개발 단계에서 설정되었고 이 가설의 실제 확인을 위해 수십 년간 물리학, 식물학, 화학, 다양한 생산 및 재무 응용, 비즈니스 응용 및 상이한 규모의 다양한 사회 문제, 광고 그리고 그 외 많은 다양한 분야에서 연구 활동에 종사하는 사람들에 의해 트리즈 도구와 이론을 실제 적용하는 많은 노력이 이어왔다.

1.2 창의력 도구, 문제해결 도구인가?

많은 학자들은 지식이 새로운 아이디어를 만드는 재료가 되지만 지식만으로는 사람을 창의적으로 만들지 못한다라는 아이디어에 기초를 두고 정신적 장애를 줄이는 방법에 대해 고민해 왔다. 프랑스 철학자 앤트완 리바우트(Antwan Ribaut)는 창의성과 발명에 흥미가 있어 창의적 사고 과정에 대한 실마리를 찾고 있었는데 1912년 연구에서 그는 창의성이 18세에 최고조에 달한 후 일생동안 감소함을 보여주었다. 이것은 직원 모두가 18세 이상인 회사에게는 대단히 낙담적인 연구결과이다. 보리스 즐로틴(Boris Zlotin)의 연구에서 창의성은 빠르게 떨어져 약 21세에 최저를 보인다는 것인데, 이는 대학과 대학교가 창의성을 줄이고 있기 때문이라고 하였다. 이것은 독창적인 생각을 격려한 선생님을 많은 학생들은 어떻게 기억할지 의심스럽다.

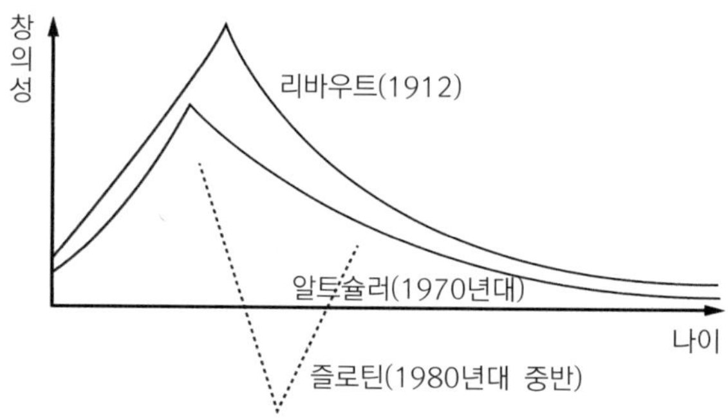

[그림 1.1] 창의성 곡선의 비교

우리는 초·중·고등학교를 거치면서 '창의적'으로 되어야 한다는 무언의 압박을 받으며 살아왔고, 수업에서 학생들 스스로 창의적이라고 생각하는 사람이 있는지 물어보면 저마다 고개를 숙이는 것을 수년 동안 경험해 왔다. 그래서 많은 수업과 프로그램에서 창의성을 개발하기 위한 다양한 수업방법과 학습내용들이 앞다투어 개발되어 실행되고 있는 것이 오늘의 현실이다.

이와 같은 맥락에서 가장 많이 알려져 있는 브레인스토밍은 우리의 무의식에 숨어있는 아이디어를 얻기 위해 자주 활용되는 방법으로 새로운 시각으로 문제를 생각하고자 하는 시도이다. 그러나 브레인스토밍을 사용해 본 사람이라면 문제를 해결하는데 한계가 있음을 곧 알게 된다. 즉, 짧은 학습 곡선을 갖고 있고 설계 문제를 풀기 위해서 불규칙한 시행착오를 사용하는 것보다는 효과적이나 여전히 매력적이지 못하다. 그 이유는 문제가 복잡해짐에 따라 유용성이 감소하기 때문인데, 일부 관점에서 시행착오 방법은 모든 프로세스에서 사용되며 문제가 어려워짐에 따라 필요한 시도 횟수도 증가한다.

혁신의 개발을 더디게 하는 다른 영향은 심리적 관성이다. 연구에 있어서 연구원은 그들이 좋아하는 방향이 있고 이것은 일반적으로 그들의 전공 내부 또는 근처에 위치한 선형 벡터처럼 보인다. 모든 교수들이 다른 학문에 대해서는 약간의 지식을 갖고 있기 때문에 이 선형벡터는 다른 영역의 학문을 보지 못하게 하고 시야를 좁은 자기영역에만 한정시키는 경향이 있다. 심리적 관성은 과거에 성공적인 과제 연구와 같은 방향으로 움직이도록 연구원에게 영향을 주는데, 이 상황은 세계 지식의 미로에서 단지 하나의 길을 찾아가는 실험실 쥐와 유사하다.

창의성을 고무시키는 과정은 하나의 기술 방향으로부터 퍼져나가는 많은 분야를 제공하지만, 다른 기술에 존재하는 해결책에 다가가기는 어렵다. 그림 1.2는 그릇된 방향에서 탐색의 무익함을 보여주고 있는데, 사용하고 있는 프로세스가 얼마나 정밀한가에 관계없이 연구 분야 밖의 개념은 찾지 못한다는 것이다. 물론 팀 구성을 다양하게 함으로써 해결할 수 있지 않느냐는 의문을 제기할 수도 있지만 제시된 문제 분야와 관련된 모든 분야에 대해 모든 것을 알고 있는 멤버들을 얻기란 불가능하기 때문에 이 또한 어려움의 정도를 어느 정도 해결하는 방법은 될 수 있지만 근본적인 해결책으로 보기에는 한계가 있다.

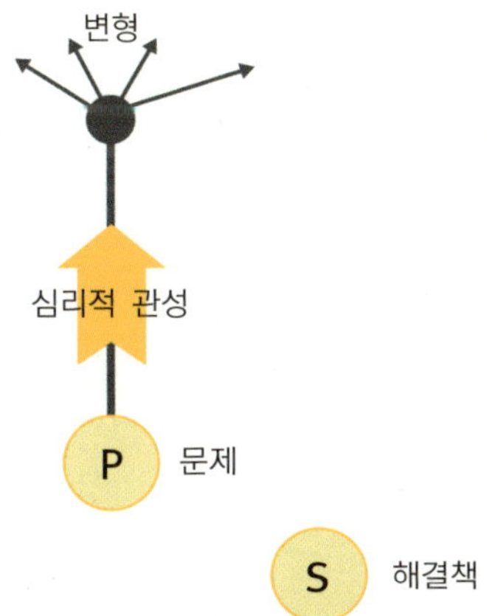

[그림 1.2] 방향을 잘못 잡은 탐색

어려운 발명 문제의 해결을 용이하게 하고 다른 사람에게 이런 용이성에 대한 프로세스를 전달하는 것이 알트슐러가 추구하는 바였다.

- 발명에 걸리는 시간을 어떻게 줄일 수 있을까?
- 혁신적 사고를 향상하기 위해서 프로세스를 어떻게 조직화할 수 있을까?

과학자가 관련 분야 외의 다른 분야를 생각하기가 얼마나 어려운지를 깨달은 알트슐러는 세계 특허 기반으로 기술에 따라 창의적 문제해결의 기존 패턴을 분별함으로써 전문화로 인해 좁아진 시각의 문제를 극복하고, 발명의 문제 해결의 기존 패턴을 극적으로 개선하였다.

기존의 문제에 대한 혁신적인 해결책을 분석한 트리즈를 '체계적인 혁신방법론'이라고 하는데 체계적이라는 단어는 되풀이해서 바람식한 결과를 낳도록 실현되는 연속적인 활동 이미지를 떠올리게 하고, 혁신은 창의성과 관련이 있는데 이것은 예견할 수 없거나 상식을 벗어나 프로세스를 종종 의미한다. 그럼에도 불구하고 '체계적인 혁신방법론'이란 용어는 모순이 아니다. 창의적 문제해결이론인 트리즈는 모순이 혁신적 해결책의 적용으로 질서 정연하게 풀릴 수 있다는 깨달음이다. 트리즈는 '① 이상적인 설계가 목표이다', '② 모순이 문제를 푸는데 도움이 된다', '③ 혁신 프로세스가 체계적으로 구성되어 있다'라는 세 가지 전제로 구성되어 있다.

마지막으로 어린이는 창의적이지만 문제 해결에 필요한 지식이 없다. 성인은 지식은 있지만 타고난 창의성을 잃었다. 진리는 창의적인 상상력을 잃지 않으면서 지식을 얻도록 도울 수 있다. 아래에 제시된 표를 보면서 그 진리가 무엇인지를 다시 한번 생각해 보기 바란다. 물론 사람마다 가지고 있는 지식과 경험, 그리고 창의성의 폭에 따라 그 진리는 얼마든지 달라질 수 있지만 말이다...

<표 1.2> 성인, 어린이, 그리고 트리즈적 사고의 비교

성인의 사고	어린이의 사고	트리즈의 사고
모순을 두려워하고 그것을 피하고자 한다.	모순에 대한 감이 없고 논쟁에서 그것을 전혀 피하려고 하지 않는다.	모순을 사랑하며, 문제 안에서 그것을 찾는다. 명백한 모순을 밝히고 공식화하는 것이 그 해결을 향한 단계로 이해한다.
형이상학적 접근을 하며, 사물, 프로세스 및 현상을 체계적으로 생각하기 보다는 분리해서 생각한다.	통합적 접근을 하며, 모든 것을 모든 것으로 연결하기를 원한다.	체계적 접근을 하며, 종종 연결되어 있지 않은 것처럼 보이는 먼 사물, 프로세스, 그리고 현상 사이에 관계를 찾고가 한다.
논리적 사고와 자연적 직관의 결합을 추구한다.	직관적 연역을 만드는 선천적인 능력을 추구한다.	의도적으로 형성된 직관과 논리적 사고의 결합을 추구한다.
한번에 어려운 문제를 브레인스토밍하고자 하며, 실패의 경우에 해결책을 포기한다.	문제의 교체를 시도한다. 문제를 풀 수 없다면, 그것을 제거하기 위해 조건과 규칙을 의도적으로 바꾼다.	알려진 규칙으로 풀 수 있는 다른 문제로 문제의 대체를 시도한다.

CHAPTER 2.
문제해결의 키 찾아가기

2.1 시스템 및 기능

2.2 시스템 갈등

2.3 이상성, 자원, 9윈도우즈

CH.2 문제해결의 키 찾아가기

2.1 시스템 및 기능[3)]

(1) 시스템

생물, 사회, 기술 등 모든 존재하는 것은 시스템으로 볼 수 있다. 이 모든 것은 각 분해단계에서 상호작용하는 부분들로 구성되어 있고, 현대 과학지식 영역으로 결정할 수 있는 한계인 '기본입자' 수준에 도달할 때까지 계속해서 그러한 부분들 각각은 더욱 작은 부분들로 구성되어 있다는 의미이다.

모든 기술 시스템(연필, 책, 음료수, 차량, 우주 정거장, 조립 라인 등)은 기능을 수행하도록 설계되어 있다.

기술 시스템은 계층구조로 조직되어 있다. 계층구조에서 어느 시스템이든 종속된 하위시스템을 포함하고 있고, 그 스스로는 상위시스템의 성분역할을 한다(예를 들어 그림 2.1에서 시스템 2.1에 있는 하위시스템 3.1과 3.2). 예를 들어 마이크로프로세서는 '마더보드'의 하위시스템이고, 이것은 '컴퓨터'라는 상위시스템의 일부분이고, 계속해서 이것은 '컴퓨터 네트워크' 시스템의 한 부분이다. 한편, 마이크로프로세서는 여러 가지 다른 재료 층으로 구성되어 있고, 그 전기적, 기계적 특성은 그들의 설계 또는 분자구조에 의해서 정해지며, 계속해서 그것은 구성원자의 특성에 의해서 정해진다. 각 시스템의 특성은 상위시스템과 하위시스템의 특성에 의해서 영향을 받는다.

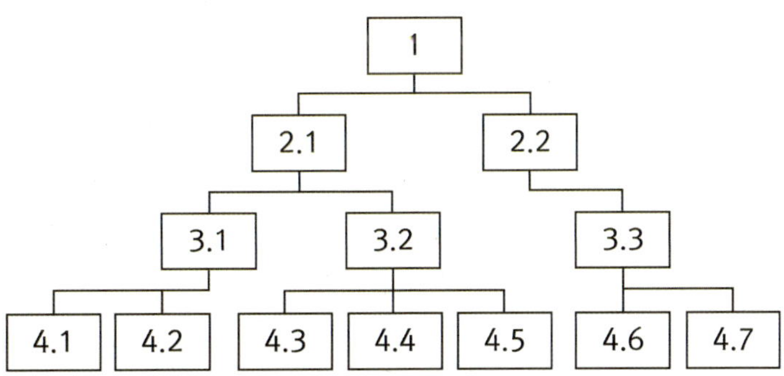

[그림 2.1] 전형적인 계층구조(다층 수준) 시스템

3) 본 내용은 창의성공학의 길잡이(Victor Fey, Eugene Rivin 저, 박성균 역)의 2장을 요약한 것임.

많은 시스템은 그 구성 요소들이 완전하게 독립적이거나 느슨하게 연결된 원시 시스템('많은 집단')으로 시작한다. '집단'에서 어느 요소의 제거는 다른 요소나 전체 구조에 미치는 영향이 거의 없다. 이들 요소 사이에 기능 연결이 발전하기 시작할 때 기술 시스템이 출현한다. 원시 시스템에서 시스템으로 전이하는 것은 기술 진화의 주요 벡터 중에 하나이다(그림 2.2).

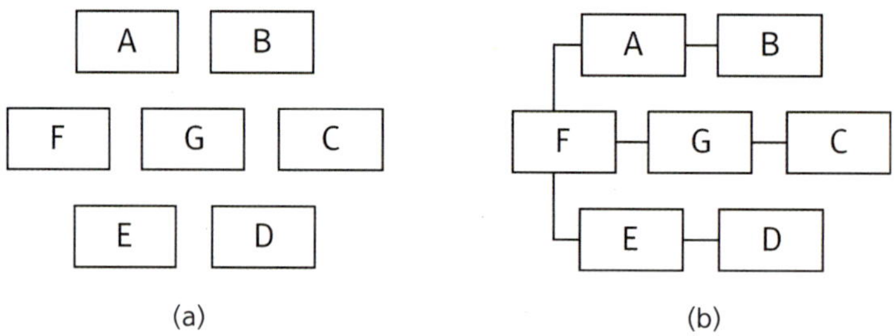

[그림 2.2] '집단'(a)에서 시스템(b)으로 전이

시스템은 그 구성 요소의 단순한 합계와는 다른 어떤 특성을 갖고 있다(만약 그렇지 않으면, 시스템의 목적이 없을지 모른다). 철학자들은 오래 전에 이것을 알았다 : 아리스토텔레스는 전체는 부분의 합보다 크다고 말했다. 그러므로 분리된 요소와 대비해서 시스템의 주요 이점이 시스템 효과이다. 시스템 효과의 출현은 설계가 올바른지에 대한 믿을 수 있는 기준이다.

사례

전통적인 부엌에서 가전제품들(난로, 전자레인지, 냉장고, 식기세척기 등)은 독립적이다. 현재 많은 가전제품과 통신 회사들이 공격적으로 개발하고 있는 '스마트 부엌'에서 이러한 가전제품들은 가정용 컴퓨터 네트워크로 연결되어 있다.

네트워크는 사용자에게 음식 재고의 모니터링, 식료품 온라인 구매 등 다양한 기능을 제공한다. 게다가 스마트 부엌은 주방용품이 아닌 컴퓨터, TV, 전화, 에어컨, 온수기 등과 같은 가전제품과 연결되고, 인터넷을 통해 날씨와 도로 조건에 대한 정보를 얻거나 메시지를 보내는데 사용될 수 있다. 네트워크가 가능한 일부 부엌용 가전제품들이 이미 시장에 소개되었다.

(2) 기능

기술 시스템은 기능을 수행하기 위해서 존재한다. 고객이 시스템(즉, 제품과 공정)을 구매할 때, 그들은 본질적으로 그 시스템이 수행하는 기능에 대해서 지불한다.

기능은 대상과 도구라는 두 가지 요소를 포함한다. 대상은 옮겨지고, 무게가 더해지고, 자화되고, 나뉘고, 페인트칠해지고, 검출되고, 측정되는 식으로 진행되어야한다. 그런데 대상은 보통 스스로를 제어할 수 없기 때문에, 필요한 작용을 수행하는 도구를 필요로 한다.

기능 서술에는 도구와 대상(작용을 받는 것)이 일으키는 작용이 포함된다(그림 2.3). 대상과 도구를 서술하기 위해서 명사가 사용되고, 작용을 서술하기 위해서 동사가 사용된다. 예를 들어 '의자가 몸을 지지한다', 또는 '컵이 물을 담는다', 또는 '밸브가 흐름을 막는다' 등이 있다.

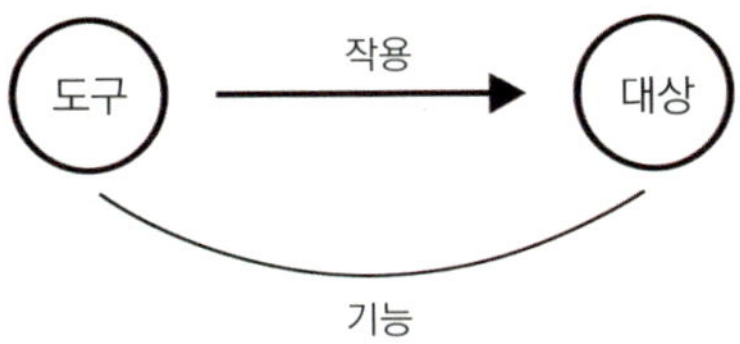

[그림 2.3] 기능 모델

기능을 정의하면 다음과 같다.

- 기능 : 대상에 대한 도구의 의도된 직접적인 물리적 작용
- 대상 : 제어되는 성분
- 도구 : 대상의 물리적 파라미터(거동)를 직접적으로 제어하는 성분

이러한 정의에 따르면, 망치로 못을 박는 과정에서 도구는 망치 전체가 아니라 망치의 머리이다. 왜냐하면 망치 머리가 대상인 못에 직접적으로 영향을 주기 때문이다.

그림 2.4에서 보는 바와 같이 '도구 - 대상' 기능모델(기능1)에서 도구가 다른 기능모델(기능2)에서는 대상이 되거나 대상이 도구가 될 수 있다.

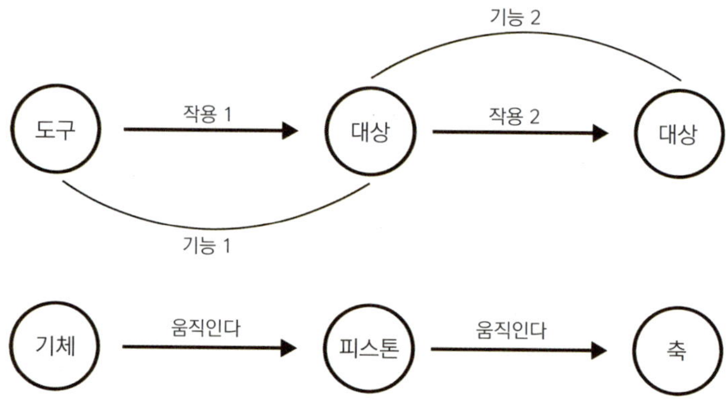

[그림 2.4] 도구와 대상의 이중성

기능을 정의할 때 일반적인 실수는 비-물리적인 용어를 사용하는 것이다. 이러한 실수는 보통 기술적 파리미터(예를 들어, 온도, 압력, 생산성 등), 소비자 관련 특성치(예를 들어, 품질, 신뢰성, 접근성 등), 그리고 현상(예를 들어, 마찰 등)등의 기능을 정의할 때 나타난다. '에어컨이 거주자의 안락감을 개선한다'는 표현은 일반적인 정형화이다. 개선된 안락감은 에어컨이 공기를 냉각한 결과이므로 올바른 정형화는 '에어컨이 공기를 냉각한다(냉각된 공기가 안락감을 준다)'이다. 표 2.1은 트리즈와 관련해서 일반적인 정형화와 올바른 정형화의 예들이다.

<표 2.1> 트리즈 관점에서 기능의 일반적인 정형화와 올바른 정형화의 예

일반적인 정형화	올바른 정형화
뜨거운 공기가 머리를 건조한다.	뜨거운 공기가 물을 증발한다.
선풍기가 몸을 냉각한다.	선풍기가 공기(또는 기체)를 움직인다.
렌즈가 물체를 확대한다.	렌즈가 빛을 회절한다.
백열전구가 방을 밝혀준다.	백열전구가 빛을 방출한다.
다이오드가 전류를 정류한다.	다이오드가 전류의 어떤 극성 성분을 차단한다.
피뢰침이 번개를 유인한다.	피뢰침이 전류를 전도한다.
바람막이 유리가 운전수를 보호한다.	바람막이 유리가 요소들을 막는다.

다양한 도구들이 같은 작용을 일으키는 데 사용될 수 있다. 예를 들어, 벽에 못을 박기 위해서 망치, 펜치, 벽돌, 구두 뒤축을 사용할 수 있다.

기술시스템은 보통 한 개 이상의 주기능(Primary Function, PF)과 보조기능(Auxiliary Function, AF)을 수행한다. 예를 들어, 차 지붕의 주기능은 비, 눈, 먼지 등으로부터 승객과 승객실을 보호하는 것이다. 지붕은 또한 여행가방용 선반을 지지해 주는데 이것은 보조 기능이다. 복합기(프린터/팩스/복사기)는 세 가지 주기능을 수행한다.

보통 한 개 이상의 보조기능이 주기능을 지원한다. 이에 상응해서 도구를 주도구(Main Tools, MT)와 보조도구(Auxiliary Tools, AT)로 분류할 수 있다. 표 2.2는 망치가 수행하는 기능을 나열한 예이다.

<표 2.2> '망치로 못을 박는 것'과 관련된 기능과 도구들

대상	못
주기능	못을 박는 것
주도구	망치 머리
보조기능	망치 머리를 움직이는 것
보조도구	손잡이

보조도구는 가능하게 하는 것, 향상시키는 것, 측정하는 것, 그리고 수정하는 것으로 더욱 세분할 수 있다.

- 가능하게 하는 보조도구(예를 들어, 망치의 손잡이)는 주 기능의 성능을 지원한다.
- 향상시키는 보조도구는 명칭이 암시하는 바와 같이 주도구의 성능을 올려 주거나 개선한다. (예를 들어, 안락의자의 팔걸이는 편안함을 증대시킨다).
- 측정하는 보조도구는 시스템 요소의 파라미터를 측정하거나 검출한다(예를 들어, 배터리의 충전량 표시판은 충전수준을 나타낸다).
- 수정하는 보조도구는 시스템에 있는 바람직하지 않은 효과를 줄이거나 제거한다(예를 들어, 보온병에 있는 단열재).

도구가 수행하는 작용은 유용한(바람직한) 작용 또는 해로운(바람직하지 않은) 작용으로 관찰될 수 있다. 이 용어는 순전히 주관적이다. 왜냐하면 동일한 작용도 보는 관점에 따라서 다르게 여겨질 수 있기 때문이다. 총알이 갑옷을 뚫는 것은 쏜 사람에게는 기꺼운 일이지만, 갑옷을 입은 당사자에게는 매우 당혹스러운 일일 것이다.

트리즈에서는 표 2.3과 같이 4종류의 도식적 표현으로 작용을 나타낼 수 있다.

<표 2.3> 작용의 도식적 표현

작용의 종류	도식적 표현
적절하고 유용한 작용(더 많은 향상으로 이득이 생긴다)	
유용하지만 불충분한 작용(향상이 필요하다)	
없는 유용한 작용(도입이 필요하다)	
해로운 작용(제거가 필요하다)	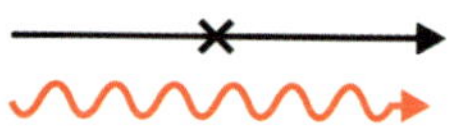

2.2 시스템 갈등

시스템의 어떤 특성을 개선하면 다른 특성이 악화될 수 있다. 무게 대비 강도, 또는 출력 대비 연료 소비, 또는 생산성 대비 공간 등과 같은 충돌을 시스템 갈등이라 한다.

시스템 갈등(System Conflict, SC)은

- 유용한 작용이 동시에 해로운 효과를 일으키거나,
- 유용한 작용의 도입(강화) 또는 해로운 작용의 제거(완화)가 시스템의 어느 부분이나 전체에 부적절하거나 받아들일 수 없는 말썽거리를 일으킬 때 생긴다.

시스템 갈등과 연관된 문제는 모순 요구조건 사이에서 절충을 찾거나, 그들 모두를 만족시킴으로써 해결을 시도할 수 있다. 그런데 절충(타협)은 시스템 갈등을 제거하지 못하고, 그들을 다소 완화시키기 때문에, 시스템에 해로운(바람직하지 못한) 작용 또는 결점을 그대로 유지한다. 갈등 요구조건은 계속 늘어나 시간이 지남에 따라 양립할 수 없게 커진다. 시스템 성능을 더욱 발전시킬 시기가 왔을 때, 시스템 갈등을 제거하지 않고서는 그렇게 할 수 없게 된다.

트리즈 관점에서 좋은 발명을 한다는 것은 타협없이 시스템 갈등을 해결한다는 의미이다.

시스템 갈등의 출현은 기술시스템의 계층 특성에 깊은 뿌리를 두고 있다. 이 계층구조는 전적으로 기술시스템의 개발 또는 발명문제의 해결 전략을 결정한다. 시스템 구조에서 어떤 변화는 그것이 가장 필요한 변화이더라도 인접 시스템과 하위시스템에 잇따른 변화로 퍼져나갈 것이다. 일반적으로 이러한 유도된 변화들은 해롭고, 종종 개선 이득을 깎아 먹는다.

(1) 시스템 갈등의 도식

시스템 갈등은 유용한 작용과 해로운 작용을 나타내는 그래프로 편리하게 표현될 수 있다. 이러한 그래프를 시스템 갈등 도식이라고 한다. 시스템 갈등에 포함된 시스템 요소들을 갈등 요소라고 한다. 표 2.4는 가장 전형적인 시스템 갈등 도식을 보여준다.

<표 2.4> 일부 전형적인 시스템 갈등 도식

시스템 갈등 도식	설명
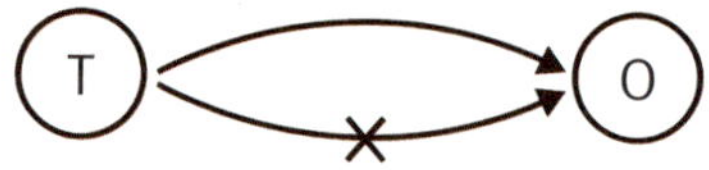	대상 O에 대한 도구 T의 유용한 작용이 O에 대한 T의 해로운 작용과 동시에 일어난다. 예 : 망치가 못을 박지만, 못을 휘게 한다.
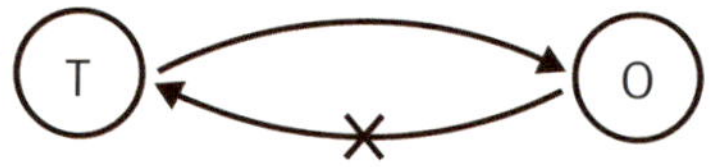	O에 대한 T의 작용이 유용하지만, T에 대한 O의 작용이 해롭다. 예 : 절삭 도구는 절단되는 작업부품에 의해서 닳는다.
	T가 O에 유용하게 작용하지만, 스스로에게 나쁜 영향을 준다. 예 : 용접 인두가 땜납을 녹이지만, 공정 중에 과열된다.
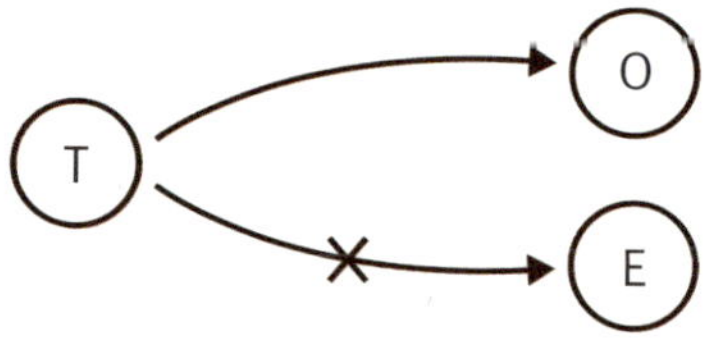	O에 대한 T의 유용한 작용이 시스템 환경이나 인접 시스템(E)에 대한 해로운 작용과 동시에 일어난다. 예 : 화학 살충제는 해로운 해충과 곤충을 없애주지만, 주위 식물들을 훼손시킬 수 있다(일부 해롭지 않은 곤충과 애완동물들에게도 해당된다).
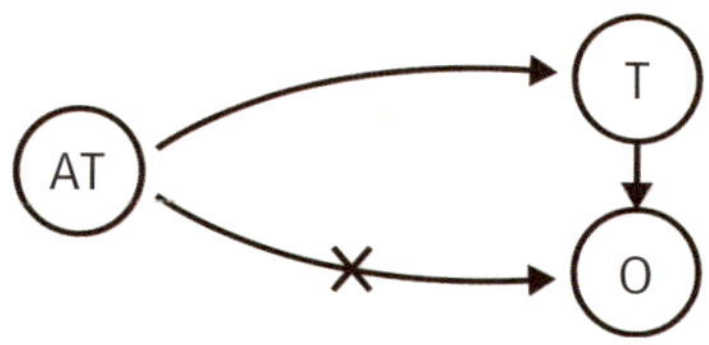	T에 대한 AT(보조도구)의 유용한 작용이 O에 대한 해로운 작용과 동시에 일어난다. 예 : 냉매(AT)가 절단 도구(T)를 냉각시키지만, 절단되는 재료(O)를 부식시킬 수 있다.

*이러한 도식의 여러 가지 조합도 가능하다.

그림 2.5에서 보여주는 바와 같이 종종 한 요소가 사슬 시스템 갈등을 일으키는 두 종류의 시스템 갈등에 관여할 수 있다. 일반적으로 사슬에 있는 시스템 갈등은 시간 의존적이다. 즉, 두 번째 시스템 갈등은 첫 번째에 의해서 생긴다(그림 2.5에서 각각 오른쪽과 왼쪽 갈등 작용의 쌍). 사슬 시스템 갈등은 보통 구성 시스템 갈등으로 분해되고 각각을 별도로 다룬다.

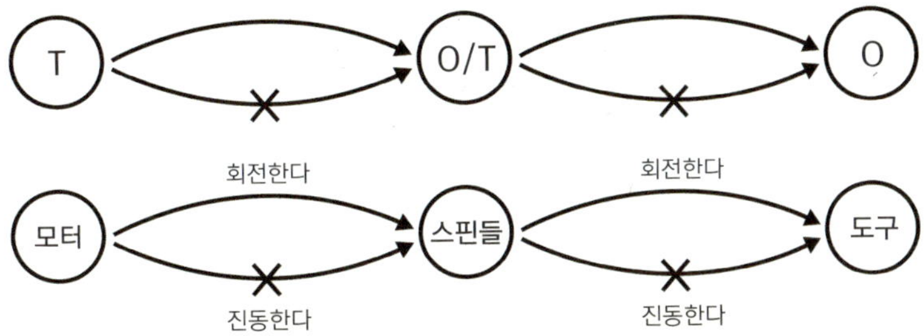

[그림 2.5] 사슬 시스템 갈등

(2) 시스템 갈등 해결하기

표 2.4에서 임의의 전형적인 시스템 갈등 도식을 생각해 보자. 시스템 갈등의 해결이란 해로운 작용을 제거하는 한편, 유용한 작용을 유지한다는 것을 의미한다. 해로운 작용의 제거는 유용한 작용의 도입과 같다는 사실에 주목하라(예를 들어, 용접 인두의 과열 예방은 보통 인두의 정확한 온도를 유지하는 것과 같다).

세 가지 일반적인 접근방법이 시스템 갈등을 해결하기 위해서 사용된다.

① 도구나 대상의 제거(이상성 개념의 사용)
② 해로운 작용이 사라지도록 갈등 요소(도구 또는 대상)의 변경
③ 해로운 작용을 제거하거나 중화하기 위해서 새로운 요소(도구)의 도입

문제 해결사는 ①을 제일 먼저 가능한지를 시도해 보는 자세가 중요하다. 왜냐하면 ①로 해결된다면 이상성이 제일 높기 때문이다. 그 다음 ②, ③으로 차례로 시도해 본다. 엔지니어들은 일반적으로 ③을 먼저 생각하기 쉽지만, ③은 가장 나중에 고려해야 한다. 시스템 갈등 해결하기 ②는 물리적 모순을 해결하는 방법이므로 여기서는 생략하고, ①과 ③을 대상으로 설명한다.

1) 시스템 갈등 해결하기 : 이상성 개념의 사용

이 접근방법은 이상적인 기술 시스템이라는 개념에서 나온다. 도구나 대상의 제거는 자동적으로 해로운 작용을 제거한다. 유용한 작용은 계속해서 수행되어야 하기 때문에, 일부 재료 몸체가 그 성능을 맡아야 한다. 이것은 다음과 같은 이상성 전략으로 실현될 수 있다(표 2.5).

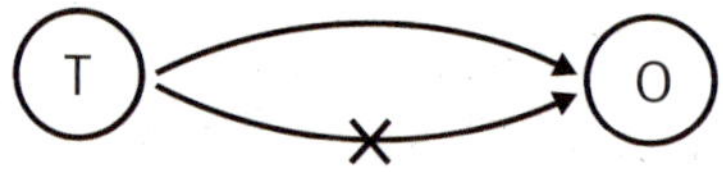

[그림 2.6] 시스템 갈등 도식의 예

<표 2.5> 시스템 갈등을 해결하기 위한 이상성 전략

이상성 전략	설명	갈등 도식
이상성 전략 1	대상을 제거한다. 이것은 도구뿐 아니라 유용한 작용과 해로운 작용 모두를 제거하는 결과를 가져온다.	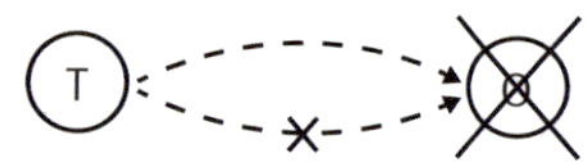
이상성 전략 2	도구를 제거한다. 그리고 대상(그 대상의 어느 부분)이 스스로 유용한 작용을 수행하도록 한다.	
이상성 전략 3	도구를 제거한다. 그리고 도구의 유용한 작용을 환경이나 다른 도구에 위임한다.	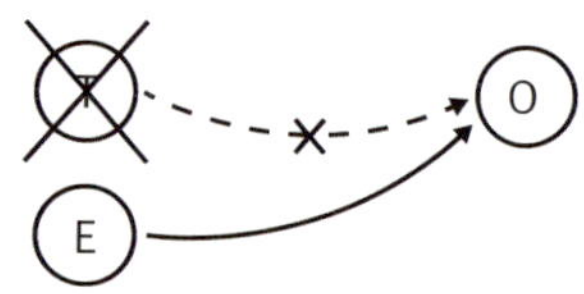

이상성 개념의 적용은 종종 처음에 대부분 분명하지 않은 시스템 자원의 인식과 활용을 필요로 한다. 트리즈 실행자들이 개발한 많은 발명들은 이전에 알아차리지 못했던 자원의 인식과 활용으로부터 나왔다.

또한 중요하게 이해해야 할 것은 실생활에서 '이상성'의 실현은 대가를 수반한다. 이러한 이상성 전략의 적용은 보통 다른 시스템 요소에 작은 변화를 요구한다(이상성 전략 1을 사용한 다음 사례가 이것을 설명한다). 비슷하게 유용한 작용을 이용 가능한 자원(대상 또는 환경, 각각 이상성 전략 2와 3)에게 위임하면, 분명하게 대상과 환경 또는 다른 시스템 요소에 변화가 생길 것이다

사례

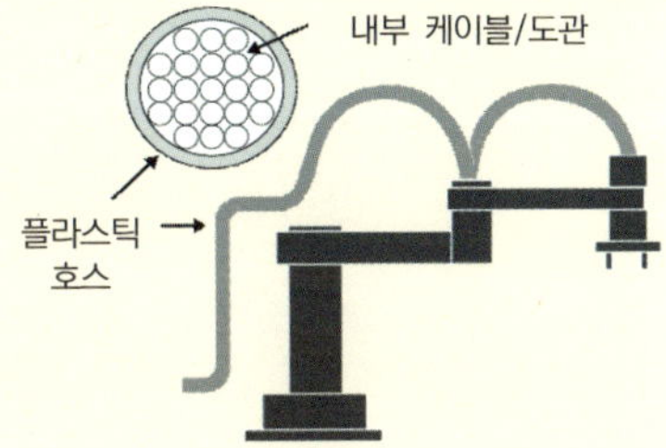

[그림 2.7] 로봇을 이용한 시험장치

컴퓨터 부품에 대한 로봇 시험 장치에서 로봇의 말단 작동체가 청정실에서 복잡한 동작(잡고, 조종하고, 삽입하는 것)을 수행한다(그림 2.7). 이 작동체는 두 개의 진공 라인과 네 개의 압축공기 라인으로 작동되고, 전기 케이블을 통해 신호를 보내는 여러 가지 감지기들을 갖고 있다. 모든 관과 전선들을 싸고 있는 주름 잡힌 플라스틱 호스가 진공, 압축공기, 전기 신호를 로봇 하부에 있는 분배/제어 박스에 보낸다. 이 호스의 목적은 관과 전선들 사이의 마찰 때문에 생기는 미세 입자들을 호스 안에 가두어 둠으로써 청정실의 오염을 예방하는 것이다. 호스는 사용 중에 파열되는 경향을 보였다. 파열은 과도하게 호스를 뒤틀리게 하는 매우 큰 고속 연동 운동에 의한 피로현상 때문이었다. 이것은 마모 입자들을 주변으로 새어 나가게 하였고, 파열된 표면 사이 마찰 때문에 더욱 큰 오염을 야기시켰다.

시험 장치의 제조사는 막대한 보증 비용을 지불하였다(2~3개월마다 파열된 호스를 교체하기 위해서 고객 위치로 기술자를 파견함). 회사는 다음과 같은 문제를 해결함으로써 상황을 개선하려고 하였다: 호스의 파손을 어떻게 막을 수 있을까? 내구성이 있는 호스용 플라스틱은 값이 비쌌고, 호스의 유효 사용기간을 크게 늘리지 못했다. 먼지 입자가 새나가는 것을 막기 위해서 호스에 역 공기압을 만들자는 제안도 있었지만, 그것 역시 비용을 증가시켰을 것이다.

호스의 사용 기간을 늘리고 비용을 줄이는 방법이 필요하다.

◆ 부석

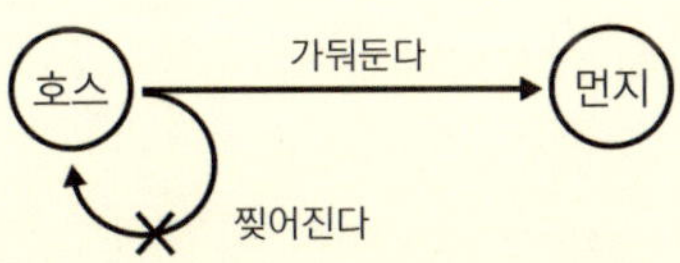

[그림 2.8] 문제상황에 대한 시스템 갈등

* 호스가 먼지를 가둬두지만, 그 자체의 움직임이 호스를 찢어지게 한다.

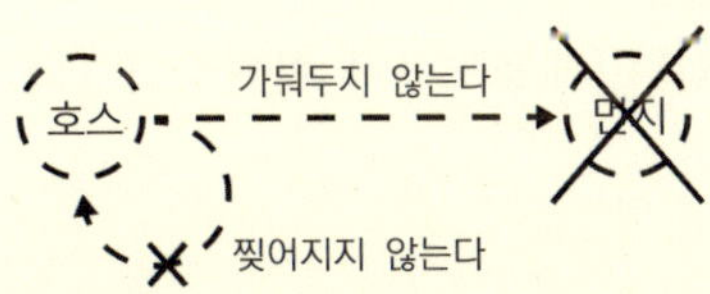

[그림 2.9] 시스템 갈등 해결 도식

* 먼지가 없으면 호스가 필요하지 않다.

문제 상황에 대한 시스템 갈등을 그림 2.8에 나타내었다. 깨지거나 손상되지 않고, 이상적인 호스는 바로 없는 호스이다. 이것은 처음부터 먼지 입자가 발생하지 않는다면 가능하다(그림 2.9).

◆ 해결책

먼지 발생을 예방하기 위해서는 내부 도관과 전선 사이의 마찰을 막으면 되고 그것들이 분리되어 있으면 된다. 도관과 전선들을 분리시키는 가장 단순한 방법은 탄성 브래킷을 사용하는 것이다(그림 2.10).

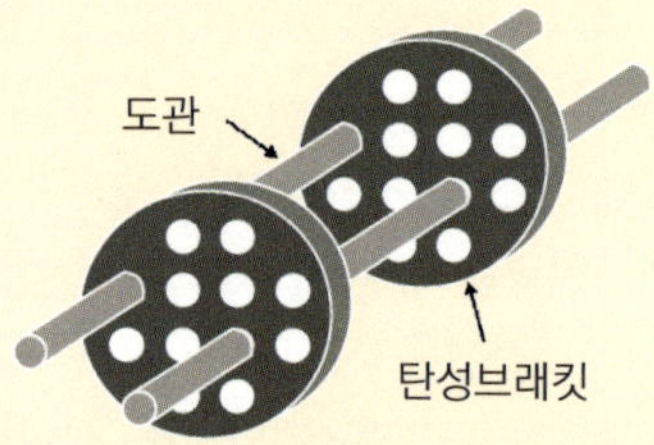

[그림 2.10] 문제해결안

* 탄성 브래킷이 도관과 케이블을 분리해서 먼지 발생을 예방한다.

보조도구를 포함하고 있는 시스템 갈등은 도구를 제거하고, 시스템의 주성분들 중 하나 또는 환경에 그 작용을 위임함으로써 해결될 수 있다.

대부분의 기술 시스템은 최소한 하나의 도구를 갖고 있기 때문에 이 규칙은 매우 자주 사용된다.

이 규칙을 적용하는 첫 단계는 시스템 주기능의 정형화이다. 그 다음 모든 주요 성분들을 나열하고, 갈등요소를 확인한다.

갈등요소 중에 하나가 보조도구라면, 그것을 제거하고 그 작용을 규칙에 따라 위임해야 한다. 보조도구가 아니라면 다른 접근 방법을 사용해야 한다(그림 2.11).

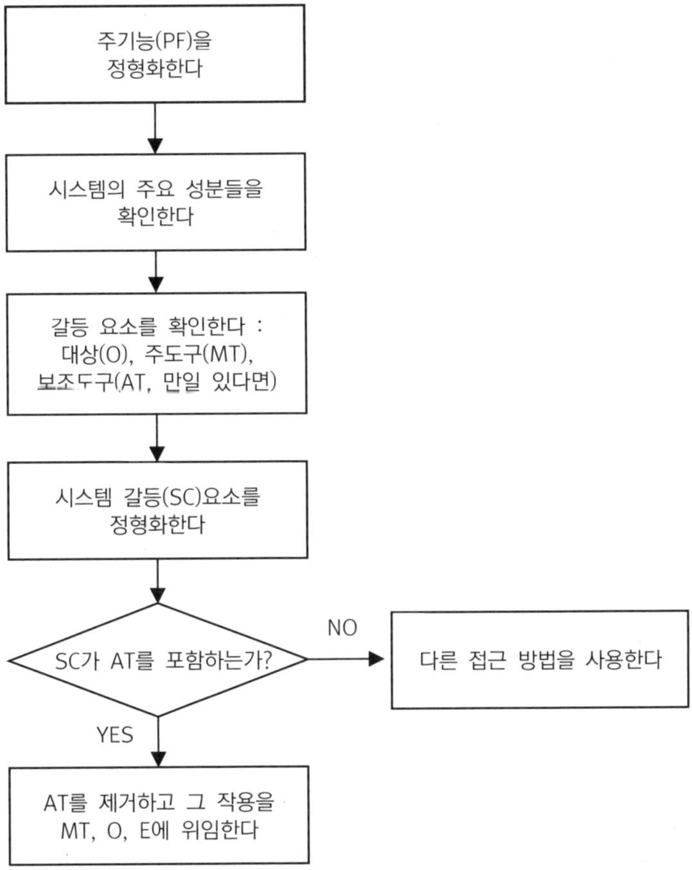

[그림 2.11] 보조도구를 포함한 시스템 갈등 해결하기
*PF: 주기능, O: 대상, MT: 주도구, AT: 보조도구, SC: 갈등요소, E: 환경

2) 시스템 갈등 해결하기 : 해로운 작용을 차단하거나 중화하기 위한 새로운 도구의 도입

새로운 (보조)도구는 보통 세 가지 작용을 수행한다. 해로운 작용을 차단하고(①), 해로운 작용을 중화하고(②), 영향을 받는 성분으로부터 해로운 작용을 끌어낸다(③).

① 해로운 작용의 차단 (그림 2.12)

막는 보조도구는 이미 이용가능한 자원으로부터 만들 수 있고, 때때로 갈등 요소 자체로부터 만들 수 있다.

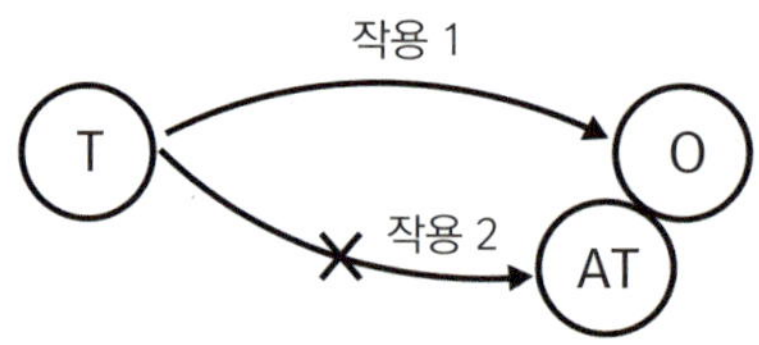

[그림 2.12] 해로운 작용 차단

사례

약 용액이 들어있는 앰플을 그림 2.13에서 보는 바와 같이 불꽃으로 밀봉한다. 불꽃을 제어하기 어렵다. 강렬한 불꽃은 약을 과열할 수 있고, 약한 불꽃은 유리를 녹일 만큼 충분하지 못할 수 있다.

◆ 분석

이러한 모순상황은 분명히 앰플의 높이에 따라 공간으로 분리되어야 한다. 강렬한 불꽃을 앰플 목 주위에만 집중하고, 앰플의 다른 부분에는 불꽃이 차단되어야 한다.

◆ 해결책

이 문제는 앰플을 물에 침지시킴으로써 해결되었다(그림 2.14). 매우 강렬한 불꽃은 앰플의 밀봉을 보장하지만, 약에 영향을 주지 않는다.

[그림 2.13] 약이 든 앰플의 밀봉

[그림 2.14] 물이 불꽃을 약으로부터 차단

② 해로운 작용의 중화 (그림 2.15)

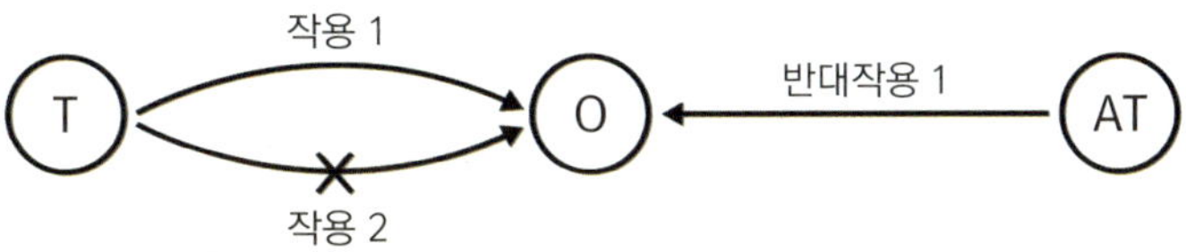

[그림 2.15] 해로운 작용의 중화

사례

벽이 얇은 관에 구멍을 뚫는 것은 관 벽이 찌그러져서 원하는 구멍을 잘 뚫기가 어렵다(그림 2.16). 고형체로 관 벽을 지지하면 관의 찌그러짐을 막을 수 있다. 그러나 굴곡이 많은 관에서는 관을 지지하기 위해서 관 내부에 고형체를 넣기가 어렵다. 관을 구부리기 전에 구멍을 내는 해결책은, 관을 구부릴 때 구멍을 일그러뜨릴 수 있기 때문에, 적절하지 못하다.

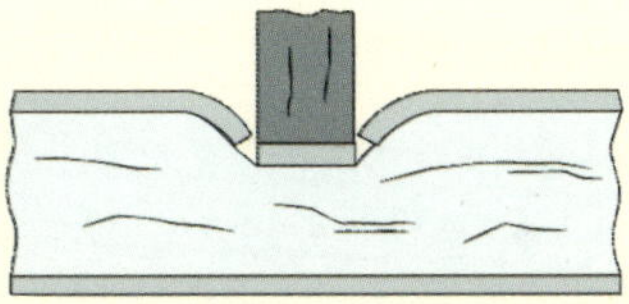

[그림 2.16] 문제상황 : 관 벽의 찌그러짐

◆ 분석

벽을 지지하기 위해서 받침대는 고형체이어야 한다; 관 내부에 쉽게 넣기 위해서 받침대는 고형체가 아니어야 한다(액체). (동일하지만 짧은 정형화 문장 : 받침대는 존재해야 하고, 동시에 존재하지 않아야 한다). 같은 장소에서 이러한 모순 요구조건을 만족해야 하기 때문에 이 모순을 시간으로 분리해야 한다.

◆ 해결책

그린빌 툴엔다이(Greenville Tool and Die Co.)사가 개발한 공정: 구멍을 뚫기 전에 관에 액체(예, 물)를 채운 다음, 그것을 얼린다. 구멍을 뚫는 동안에 고형화된 액체가 관 벽을 지지해 준다. 구멍을 뚫은 후 고형화된 액체(얼음)를 녹인 다음, 관에서 액체(물)를 빼낸다(그림 2.17).

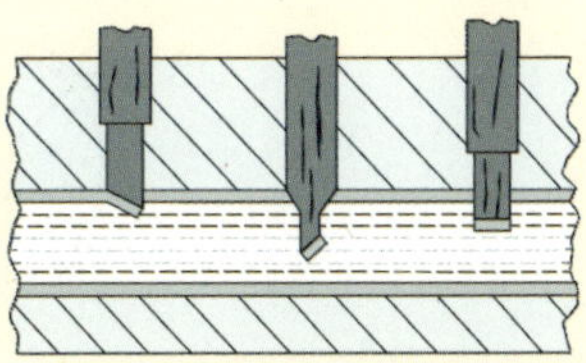

[그림 2.17] 해결책 : 얼음이 관 벽의 찌그러짐을 막아줌
(미국특허 5,974,846)

③ 영향을 받는 성분으로부터 해로운 작용을 유도 (그림 2.18)

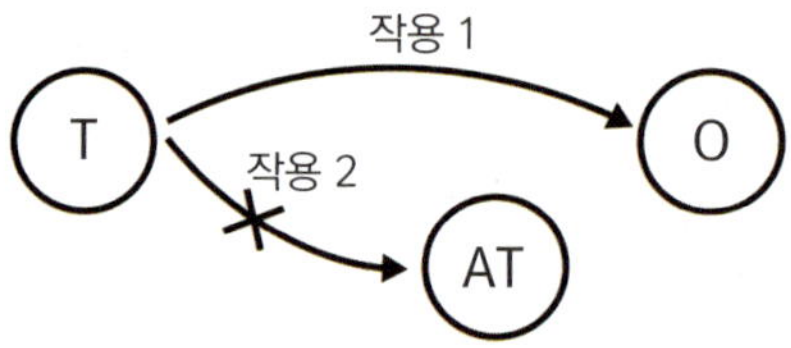

[그림 2.18] 영향을 받는 성분으로부터 해로운 작용을 유도한다.

사례

영하 온도에 노출된 수도관의 파열을 어떻게 예방해야 하나? 관을 가열하거나 관 벽을 강화하는 것은 일을 너무 복잡하게 하고, 비용 또한 많이 들게 한다.

◆ 분석

만약 어는 물의 팽창에 의해 발생하는 압축력을 다른 성분 쪽으로 돌린다면, 이 문제는 해결될 수 있다.

◆ 해결책

미국특허 6,338,364에 따르면, 유연한 원형 플라스틱 삽입물을 수도관 안에 넣는다(그림 2.19). 가이드가 관 안에 삽입물의 축 방향의 위치를 보장한다. 물이 액체 상태에 있을 때 삽입물은 원래 모양을 유지한다. 물이 얼음에 따라, 삽입물이 압축되고, 어는 물의 부피 팽창을 수용하여, 그것이 관의 구조 적 파괴를 예방한다. 얼음이 녹을 때, 삽입물은 원래의 모양으로 되돌아간다.

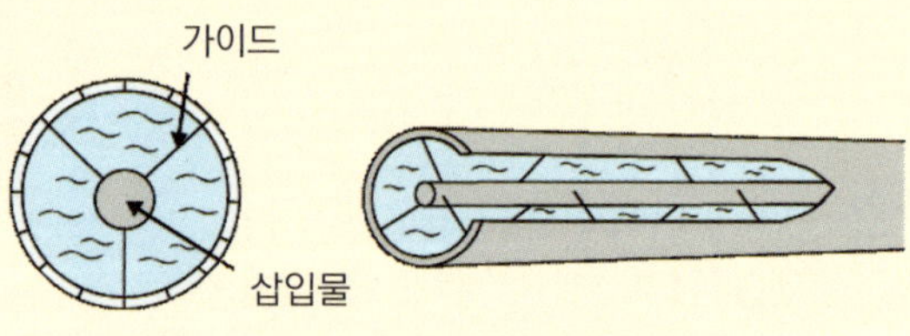

[그림 2.19] 관 파열을 예방하기 위한 삽입물
(미국특허 6,338,364)

시스템 갈등을 해결하는 것은 문제 해결과 새로운 기술 시스템의 개발 양쪽에 본질적인 부분이다. 시스템 갈등을 해결하기 위한 세 가지 접근방법 중에서(이상성 전략, 물리적 모순의 극복, 그리고 새로운 도구의 도입), 첫 번째 접근방법은 시스템을 단순화시켜주기 때문에 가장 바람직한 방법이다. 일단 시스템 갈등이 정형화되면, 이 접근법을 제일 먼저 고려해야 한다. 만약 이 접근법을 실행할 수 없다면, 나머지 두 가지 접근법을 시도해야 한다. 이 경우에 우리는 즉시 이용 가능한 자원을 먼저 사용함으로써 가능한 한 단순하게 시스템을 유지하려고 노력해야 한다(그림 2.20).

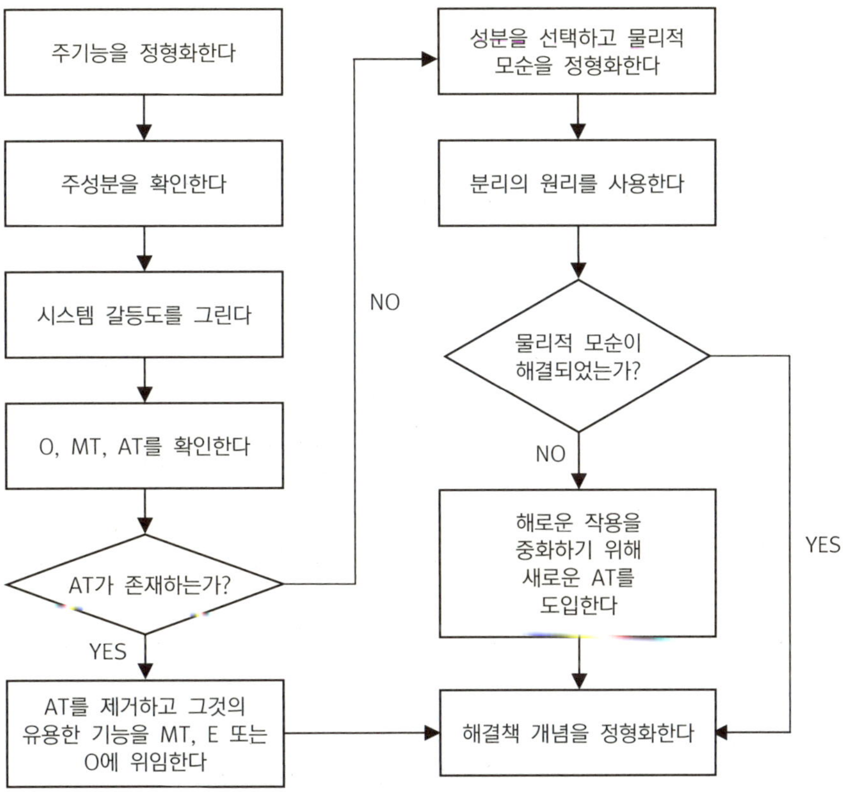

[그림 2.20] 시스템 갈등 해결하기 (종합)

* O : 대상, MT : 주도구, AT : 보조도구, E : 환경

생각해보기 01

여기 연습문제들은 당신의 문제분석 능력과 개념개발 능력을 향상시키기 위해서 제시되었다. 올바른 답을 추측하지 말고(답이 분명해 보이더라도), 트리즈의 개념과 도구를 사용해서 답을 찾아보자.

1. 수행하는 주기능을 정형화하라.
   - 면도기
   - 우편함
   - 회중전등
   - 칫솔
   - 컴퓨터 키보드
   - 스키

2. 제시된 대상의 구성요소들이 수행하는 보조기능을 나열하라.
   - 면도기
   - 우편함
   - 회중전등
   - 칫솔
   - 컴퓨터 키보드
   - 스키

3. IC 칩이 발생시킨 열이 납과 열 싱크(납땜 물질로 만든 작은 막대)를 지나 이동한다(그림 2.21). IC 칩을 인쇄회로 기판에 용접하기 전에 열 싱크를 만든다. 그러므로 열 싱크는 땜납이 녹는 동안에 용접 영역으로부터 열을 제거한다. 용접 중에 열손실은 용접 연결점의 기계적 강도에 나쁜 영향을 미칠 수 있다. 열 싱크는 PCB가 작동할 때 IC 칩으로부터 열전달을 돕지만, 기판을 제조할 때 용접 온도를 낮춘다(생산 제약조건 때문에 용접 작업 후에 열 싱크를 만드는 것은 매우 바람직하지 못하다). 이상성 전략을 사용해서 문제를 해결해 보아라.

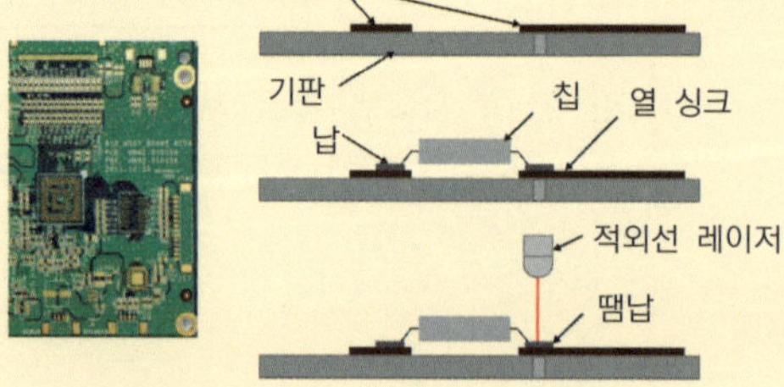

[그림 2.21] PCB에 IC의 용접

2.3 이상성, 자원, 9윈도우즈

(1) 이상성

트리즈에서 이상성(Ideality)은 문제가 지향하는 완벽한 해결을 의미한다. 그러나 완벽한 문제해결은 문제 관련 당사자들 간에 서로 다른 해결책을 주장할 경우 때때로 어려움에 빠지게 된다. 예를 들어 교통사고가 났다고 가정해보자. 이 경우 가해자와 피해자 간에는 서로 상이한 해결책을 제시할 경우가 많다. 문제해결이 관련자간 이해가 상충할 수 있음을 고려한다면 문제해결은 어느 쪽에서 보든 반쪽짜리가 될 수도 있는 것이다.

그렇기 때문에 어느 쪽에서건 완전한 문제해결이 되기 위해서는 이상적인 해결책이 무엇인지를 안다는 것은 매우 중요하다. 이것은 올바른 문제해결을 위해서 취해야 할 궁극적인 조치의 방향을 명확하게 인식하는 것을 의미하기 때문이다. 일반적인 문제해결 도구라면 문제의 관련 당사자 모두가 만족하는 해결책은 불가능하다고 말하는 것이 이성적이고 합리적이라고 생각할 수 있다.

그러나 트리즈에서는 모든 기술시스템의 문제해결은 이상성을 목표로 하고 있다. 기술시스템진화의 법칙은 기술시스템의 모순이 제거됨으로써 이상성이 증가하는 방향으로 발전한다고 본다. 이때 이상성이란 시스템의 고유 기능은 수행하면서도 이에 추가되거나 발생하는 비용과 해는 없는 상태의 시스템 구현을 의미한다.

이를 식으로 표현하면 아래와 같다.

$$\text{이상성} = \frac{\Sigma \text{ 유용한 기능}}{\Sigma \text{ 비용} + \Sigma \text{ 해로운 기능}}$$

위의 식을 풀어서 쓴다면 이상성이란 유용한 기능은 최대한 향상되고 해로운 기능과 비용은 최대로 줄어들면서 구현된다. 이러한 이상성은 모든 기술시스템 진화의 궁극적인 방향을 나타낸다. 따라서 트리즈에서 다루는 문제해결 시 이상성을 추구하여 도달하고자 하는 최종 해결책을 이상적 최종결과(IFR: Ideal Final Result)이라고 한다. 이는 자원요소가 투입되지 않고 또한 추가로 해로운 결과를 발생하지 않으면서 문제를 해결하여 이상성이 무한대가 되는 것을 의미한다. 이는 가치공학에서 동일한 기능을 수행하기 위해서 투입된 비용이 낮다면 가치가 높다고 생각할 수 있는 것과 같은 논리이다.

트리즈에서 이상성은 상상에서나 가능하거나 요술램프의 지니(Genie)가 할 수 있는 정도의 비현실적인 희망이 아니라 언제나 엔지니어가 구현해야 할 궁극적인 목표이자 지향점이며 최선을 다해 도달해야 할 문제해결 지점이다.

이런 맥락에서 트리즈에서 모든 시스템 발전은 이상성의 정도를 높이는 방향으로 진행된다. 8개로 이루어진 트리즈의 기술시스템 진화의 법칙[4]은 분야를 막론하고 기술이 진화하는 패턴과 관련하여 공통적인 법칙으로 이러한 이상성 증가의 법칙을 꼽고 있다.

이제까지 문제해결은 다수의 시행착오를 통해서 문제를 지속적으로 개선해 나가는 식이었다. 그러나 트리즈에서 지향하는 문제해결의 방식은 이상적 해결책을 미리 정하고 시작한다. 이 목표를 달성하기 위해서 해야 할 일이 무엇인지를 찾는 것이 트리즈가 문제해결에 접근하는 방식이다. 그렇기 때문에 이상성은 시스템이 이상적인 최종 결과에 얼마나 근접해 있는지를 측정하는 척도가 될 뿐만 아니라 문제해결에서 적당히 이제까지 해오던 방식으로 돌아가려는 습관 (또는 심리적 관성)을 막고 혁신을 가져올 수 있도록 하는 역할을 한다.

원래의 기술시스템에 혁신적인 이상성을 구현한 예를 주변에서 제시해 본다면 양면후라이팬을 들 수 있다. 가정에서 생선을 구울 경우 연기와 냄새 때문에 구이요리를 꺼려하게 되는 경우가 많다. 기존의 후라이팬 기술시스템은 생선을 구울 때 연기와 냄새가 나는 점이 가장 큰 문제이다. 이를 이상적으로 해결한 것은 단면팬을 양면으로 바꾸고 이로써 구이 조리 시에 발생하던 연기와 냄새가 양면 후라이팬 사이 구멍 또는 후라이팬 아래로 배출된 다음 그 연기가 불에 연소되어 소멸되는 식이다. 이로써 구이 시 연기와 냄새 문제가 발생하지 않으면서 양면팬의 압력으로 약한 불에서 기존보다 빠른 시간에 조리가 가능하게 되어 연기와 이로 인한 미세먼지 그리고 냄새 문제는 해결하고 이때 해가 되는 에너지와 영양손실의 감소 및 세척의 편리로 경제적으로도 이익이 되었다.

이 문제에서 기존해결책이 문제인 연기를 막고자 후라이팬의 뚜껑을 추가적으로 사용하거나 창문을 열어서 냄새와 연기를 내보내고 신선한 공기를 유입시키는 식으로 이제까지 해오던 방식을 사용하는 절충안이라면, 트리즈의 이상성을 목표로 한 해결책은 시스템의 기능인 굽기는 그대로 수행하면서 해로운 특성이 문제 안에서 스스로 해결되도록 하고 이로써 해는 줄어들고 유용한 특성은 증가하는 식이다.

4) 8개의 기술 시스템 진화의 법칙은 다음과 같다; 기술시스템 완전성의 법칙, 에너지 전도성의 법칙, 리듬 조화성의 법칙, 이상성 증가의 법칙, 시스템 불균일 진화의 법칙, 상위시스템으로 전이법칙, 마이크로 수준으로 전이법칙, 역동성 증가의 법칙

생각해보기 02

기술시스템의 이상성을 보여줄 수 있는 사례로 p.32에서 제시된 양면후라이팬의 예를 참고하여 다음 빈칸을 채워보자.

원래의 기술시스템	
개선된 기술시스템	
바뀐 점	
개선된 유용한 기능	
줄어든 비용	
제거된 해로운 기능	

문제를 해결하려면 시스템에서 유용한 기능이 향상되거나 해로운 기능이 감소되거나 완전히 사라지는 데 도움이 될 수 있는 자원을 찾아보아야 한다. 그리고 찾아낸 유용한 자원이 스스로 작용하도록 함으로써 문제해결의 이상성에 도달하도록 해야 한다. 즉 손을 대지 않고 코를 푸는 식으로 자원을 이용하여 시스템 자체의 기능으로 문제가 해결된다면 기능은 수행하되 부가적인 시스템이나 에너지가 추가되거나 해가 발생되지 않으므로 가장 이상적인 문제해결이라고 할 수 있다.

사례

새로 개업한 빵집을 홍보할 때 이상성 개념을 활용한 예를 살펴보자.

새로 오픈하여 빵집을 홍보할 필요가 있으나 비용과 시간이 문제이다. 이 때 빵을 구울 때 나는 냄새를 이용하는 것은 시스템의 기능은 수행하면서도 자원을 추가하지 않고 문제가 스스로 해결되도록하는 방법이다. 사람들이 많이 다니는 시간대에 매우 식욕을 돋굴만한 빵을 굽고 이 때 나는 구수한 빵 냄새는 새로운 자원이 들거나 해로운 효과를 내지 않으면서 빵가게와 빵을 동시에 홍보할 수 있다.

생각해보기 03

자신의 주변에서 추가적인 시스템 사용과 해의 발생 없이 문제가 해결됨으로써 문제해결의 이상성이 구현된 사례를 찾아보자.

Water self

물은 셀프

(2) 자원

1) 자원

자원은 문제의 내부 또는 외부에 존재하고 있으며 문제해결에 활용할 수 있는 모든 유·무형의 것이라고 할 수 있다. 대표적인 자원분류는 다음과 같다.

<표 2.6> 자원의 종류와 예시

자원	설명	예시
자연 또는 환경자원	자연 속에서 우리를 둘러싸고 존재하는 모든 물질이나 장을 이용	태양열, 중력, 공기, 물 등
시간자원	작업의 전과 후 또는 사이의 시간을 자원으로 이용	사전작업, 병렬작업, 사후작업, 작동순서, 작동간격 등
공간자원	시스템 자체 또는 상위시스템, 하위시스템에 빈 공간 이용	다른 차원, 포개기, 전·후 방향 등
기능자원	시스템 내에 기능을 보유하고 있을 때 보유된 기능 또는 기능을 응용하여 사용	유용한 기능, 유해효과의 활용, 부수적 기능 활용 등
정보자원	시스템이 가지고 있는 내용특성이나 상태에 관한 정보를 사용	물질 기본정보, 고유성질, 환경기준, 물질적 특성, 고유성질, 상태의 변화 등
물질자원	시스템과 주변환경을 구성하고 있는 모든 물질을 사용	구성요소, 재료, 폐기물 등
시스템자원	하위 시스템 간 연결을 변경하거나 상위 시스템에서 독립적인 기술에 참여함으로써 얻는 새로운 유용한 기술 속성 또는 새로운 기능 이용	복사기로 함께 사용되는 스캐너와 프린터 등
장 자원	공학적으로 적용 가능한 물질 사이의 에너지(MATChEMEmIB)를 이용 - 기계장(Mechanical field) - 소리장(Acoustic field) - 열장(Thermal field) - 화학장(Chemical field) - 전기장(Electrical field) - 자기장(Magnetic field) - 전자기장(Electromagnetic field) - 나노(Intermolecular) - 바이오(Biological)	

이 밖에도 자원은 기술시스템 내부와 외부에 있는 자원, 해로운 기능을 하는 자원과 유용한 기능을 하는 자원, 풍부한 자원과 희소자원 등 여러 가지 관점에서 분류할 수 있다.

자원분석의 목적은 이상적 최종결과(IFR)을 구현하는데 있어 가장 적합한 자원을 적소에 적용하려는 것이다. 따라서 트리즈에서 문제해결은 이상적 해결책에 관련된 자원을 찾고 이를 활용하는데 달려있다 해도 과언이 아니다. 이들 자원은 손쉽게 이용할 수 있는 자원이 있는가 하면 변형 후에 사용할 수 있는 자원이 있다. 문제의 원인인 모순을 제거할 수 있는 적절한 자원을 자원분석을 통하여 찾게 되면 기술시스템 내에서 문제가 되는 자원을 제거하거나 효율적인 다른 자원으로 대체함으로써 이상성은 최고로 높아지게 된다.

손쉽게 이용할 수 있는 자원은 기존상태에서 사용할 수 있는 자원들이다. 예를 들어 물질, 장, 공간, 시간 자원 등이 이에 해당된다. 물질 자원은 기술과 그 환경을 구성하는 모든 물질을 포함하기 때문에 이상성에 아직 도달하지 못한 기술시스템은 무엇이든지 물질자원을 이용할 수 있어야 한다.

반면에 파생 자원은 일종의 탈바꿈 후에 사용할 수 있는 자원이다. 이러한 파생 자원은 원재료, 제품, 폐기물 및 하위 시스템 (물, 공기 등 포함)으로 기존 상태에서는 유용하지 않을 수 있지만 자원으로 변환하거나 수정하여 사용할 수 있다. 예를 들어, 자동차에서 나오는 배기가스의 열을 자동차창문 수막현상 제거에 이용할 수 있다.

사례

추가비용이나 해로움을 발생하지 않고 문제를 해결한 예를 보자.

[그림 2.22] 수납형의자

대중음식점에 갈 경우 특히 겨울에 입고 있던 겉옷과 가방 등을 둘 곳이 마땅치 않은 경우가 많다. 이 때 고객이 앉는 의자를 이용하여 의자 아래 공간을 옷이나 가방 등 부피가 나가는 개인 소지품을 넣어두는 박스로 변형시켜서 옷이나 소지품을 넣어두는 것을 볼 수 있다. 이 경우 따로 공간을 추가로 만들지 않으면서 의자 자체가 갖는 공간자원을 활용하여 문제를 해결한 경우이다.

2) 자원이용의 절차

자원목록을 만들고 이 자원의 사용 방법을 결정하는 과정을 세 가지 단계로 요약하면 다음과 같다.

- 1 단계 : 문제 인식

문제에서 요구되는 점이 무엇인지를 분명히 하여 문제점에 대한 요구 사항 목록을 작성한다.

- 2 단계 : 필요자원의 목록 작성

어떤 종류의 자원이 필요한지를 정의한다. 필요한 물질 및 장 자원 목록을 작성하고 활용가능한 자원이 있는지 살펴본다. 문제 해결에 이용할 수 있는 전체 자원의 리스트가 있다면 아이디어 발상에 도움이 된다.

- 3 단계 : 문제 해결안 도출

문제의 목표를 달성하거나 문제를 해결하기 위해 어떤 자원을 사용할지 결정한다.

사례

병원에 장기 입원해 있는 거동이 불편한 환자를 생각해보자. 장기 입원해 있는 환자가 거동이 자유롭지 못할 경우 식사나 세면 또는 치료를 받는 중에 환자복이 더러워지거나 젖더라도 스스로 자주 갈아입기 어렵기 때문에 위생에 문제가 된다. 이 문제를 트리즈로 해결하고자 할 경우 자원을 이용하는 과정을 따라가 보자.

- 1 단계 : 문제인식

먼지와 이물질 그리고 액체가 환자가 입는 옷의 섬유조직 사이에 쉽게 들어가는 점이 문제이다.

- 2 단계 : 필요자원의 목록 작성

상위 시스템	먼지측정기, 공기정화 시스템, 위생에 대한 인식, 간병인, 환자 및 의료인의 습관
시스템	섬유의 종류, 섬유 사이에 있는 세균, 오염물질, 수분, 옷의 형태, 옷의 디자인
하위 시스템	섬유의 두께, 재료 및 모양, 세균의 종류, 오염물질의 종류, 땀, 각질

- 3 단계 : 문제 해결안 도출

각각의 상위 시스템, 시스템, 하위 시스템 내의 자원을 활용할 수 있지만 여기서는 여기서 하위 시스템 목록에 제시된 자원 중 섬유의 두께, 재료 및 모양을 활용하여 해결안을 생각해 볼 수 있다.

초소수성 물질을 섬유에 입힘으로써 오염원이 섬유조직에 침투하지 못하도록 한다.더러운 불속에서 깨끗함을 유지하는 연꽃의 원리가 이에 해당된다. 연잎의 표면에 물을 밀어내는 작은 돌기들이 코팅되어 있기 때문에 오염원이 연잎에 닿아도 물에 의해 씻겨 내려갈 뿐 연잎을 적시지 않듯이, 더러워진 옷에 약간의 물을 뿌려주면 표면이 깨끗해진다.

생각해보기 04

여러분의 일상생활과 주변을 살펴보고 불편하거나 개선이 필요한 것은 무엇이 있는지 사례를 찾아보고, 이 사례를 위의 자원이용의 절차에 따라서 자원 사용을 단계별로 진행해보자.

사례서술	
1단계	
2단계	
3단계	

(3) 9윈도우즈 (9Windows)

트리즈에서 모든 시스템은 시스템 자체로 존재하는 것이 목적이 아니라 그 시스템이 가진 목적을 구현하기 위해서 존재하는 것으로 본다. 시스템의 목적은 기능의 구현이기 때문에 이 목적을 구현하는데 있어서 양립할 수 없는 것들이 대립될 때 모순이 발생한다. 시간이 지남에 따라 모순의 해결방향은 기술시스템 진화의 법칙을 따라 발전하기 때문에 시스템적 사고 안에서 모순의 진화 방향을 예측할 수 있다. 시스템적 사고와 이를 나타내는 9윈도우즈에 대해서 자세히 알아보자.

시스템적 사고는 문제를 하나의 시스템으로 이해하고 이를 다면적으로 바라보는 방식이다. 트리즈에서 시스템이란 어떤 특정한 기능을 구현하는 전체를 의미하며, 그것을 구성하고 있는 개별요소들에 의해 각각의 요소가 모여서 기능을 구현하는 것으로 간주한다. 그리고 다면적이라 함은 문제를 보다 깊게 안으로 분석해 들어가면서 보기보다는 문제를 넓고 큰 맥락에서 이해하고자 하는 방식이다. 이는 문제가 처한 현재에만 매몰되지 않고 현재가 있기 전인 과거와 앞으로의 미래까지 전체를 고려하여 문제를 파악하고자 한다.

일반적인 문제해결의 방법 또는 시행착오에 따른 문제해결이 문제에 관한 한정된 부분의 전문적인 고찰이 주된 방법이라면 시스템적 사고는 문제가 되는 시스템을 둘러싼 상, 하위 관계를 한꺼번에 고찰하는 사고이다. 시스템을 둘러싼 역사와 환경 및 요소를 시간과 수준 두 축에 두고 동시적으로 파악하여 문제를 인식하기 때문에 문제를 넓게 보며 해결을 위한 새로운 발상의 근거를 제공한다. 이 점이 시스템적 사고방식의 장점이라고 할 수 있다.

시간상의 관점에서 문제가 위치해 있는 현재와 과거 그리고 미래를 함께 고려하여 3가지 차원 안에서 문제를 이해하며, 문제 시스템의 발전수준 역시 과거와 현재 및 미래와 관련하여 접근한다.

이를 x와 y축으로 표시하면 그림 2.23과 같다.

[그림 2.23] '공책'의 9윈도우즈

기장 가운데에 있는 공책이 해결하고자 하는 현재의 문제 또는 시스템이라고 한다면 x축은 왼쪽부터 과거와 현재 그리고 미래 순으로 시간에 따라 발전해가는 시스템의 모습을 보여준다. 공책이라는 정보를 담는 시스템은 과거에는 두루마리, 미래는 노트처럼 휘어지는 노트북을 예상하고 있다. y축은 이 각각의 시스템을 가운데에 있는 문제를 중심으로 위로는 상위시스템과 아래로는 하위시스템으로 구분하고 있다.

상위시스템은 시스템과 직접적으로 관계를 맺고 있는 요소로서 주변 환경이나 시스템 관련 정책과 시스템이 속한 사회 등이 해당된다. 상위시스템은 설계나 변경이 어렵지만 시스템과 상호작용하고 있다. 하위시스템은 시스템을 구성하거나 작동시키는 시스템의 구성요소를 의미한다.

시스템을 각각의 인접한 창과의 관계 속에서 바라보도록 하는 '9윈도우즈'에 대해 알아보자. 말 그대로 9개의 창을 만들고 9개의 창 중에서 한가운데에 문제가 되는 시스템을 위치시킨다. 각각의 인접한 창과의 관계 속에서 문제를 바라보기 때문에 9윈도우즈 하에서는 문제를 둘러싼 상, 하 구조 속에서 폭넓고도 유연한 관점으로 문제에 접근할 수 있다. 9윈도우즈는 문제에 관한 사고의 확장과 깊이가 동시에 가능하며 한 가지 문제에 집중하게 될 때 빠지기 쉬운 좁은 시야를 막고 심리적 관성에서 벗어나게 해주는 장점이 있다.

뿐만 아니라 9윈도우즈는 시스템을 둘러싼 상위시스템과 하위시스템을 필요에 따라 보다 세밀하게 또는 보다 넓게 접근을 조절하면서 시스템을 둘러싼 다양한 아이디어를 착안할 수 있게 한다. 예를 들어 위의 시스템적 사고에서 다룬 공책이라는 시스템을 보다 세밀하게 파악하기로 하고 공책의 표지를 다룰 경우 공책표지의 9윈도우즈의 모습은 위의 공책에서와는 다른 시스템적 사고를 고려하게 된다. 이 경우에 9윈도우즈는 공책표지라는 시스템을 둘러싼 상, 하위 시스템과의 관련성 속에서 문제를 파악하게 하는 도구의 역할을 한다. 공책의 표지와 관련하여 9윈도우즈로 접근하면 그림 2.24와 같다.

이와 같이 9윈도우즈는 시스템을 어떤 측면이라도 현재와 과거 및 미래와의 연관성과 시스템의 위, 아래 상호작용의 관점에서 분석하도록 하기 때문에 자원활용과 아이디어 창출의 도구로 유용하다.

[그림 2.24] '공책표지'의 9윈도우즈

생각해보기 05

여러분이 사용하는 '휴대전화'를 시스템으로 선택하고 9윈도우즈를 전개해보자.

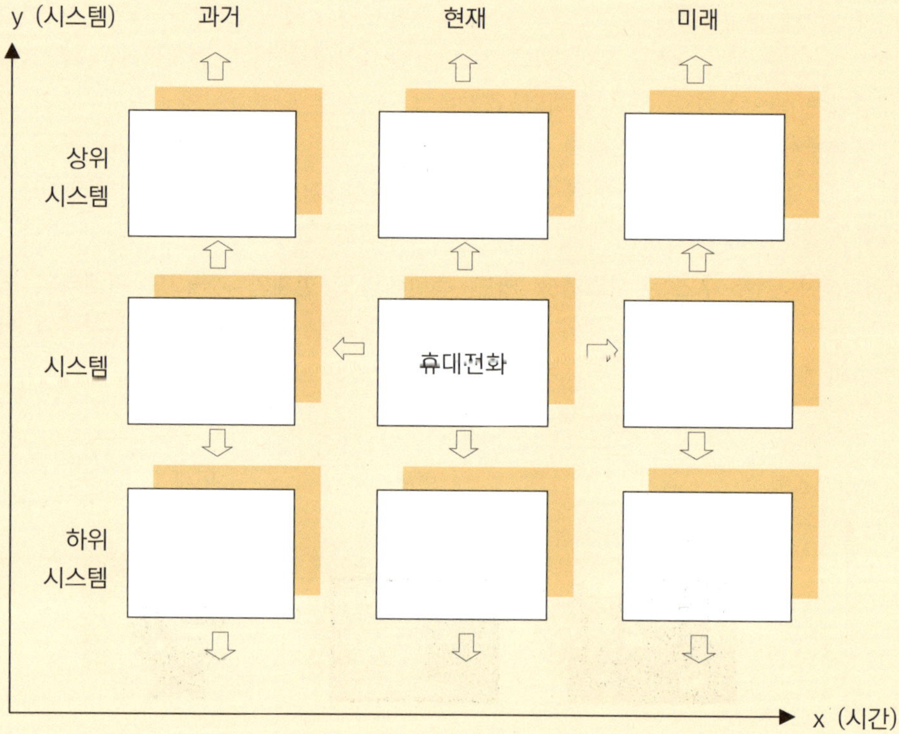

CHAPTER 3.
트리즈(TRIZ)를 적용하여 문제해결하기

CH.3 트리즈를 적용하여 문제해결하기

3.1 모순의 정의5)

모순은 '어떤 사실의 앞뒤, 또는 두 사실이 이치상 어긋나서 서로 맞지 않음' 또는 '두 가지 판단이나 사상이 서로 배타적이어서 양립할 수 없는 관계'를 이르는 말이다. 부조화스럽거나 반대되는 제안을 모순이라고 하는 관점에서, 트리즈에서는 기술적으로 부정적인 영향을 미치는 특성을 개선하려고 할 때 발생되는 갈등을 모순이라고 정의한다.

모순의 예시

- 문학의 경우, '소리없는 아우성'
- 물리학의 경우, '빛의 입자-파동 이중성'

모순의 유형은 관리적 모순, 기술적 모순, 물리적 모순이며 이를 간략히 설명하면 다음과 같다.

- **관리적 모순** ; 무슨 일을 해야 하지만 그 일을 행하는 방법은 알지 못할 때 우리는 관리적 모순이라고 한다.

예를 들면, 매우 높은 광학 순도를 가진 액체 속에 들어있는 작은 입자의 개수를 검출할 필요가 있다. 입자를 검출하기 위해서 레이저를 이용하려고 해도 빛의 반사가 충분치 못하다. 어떻게 해야 할까?

- **기술적 모순** ; 알려진 방법이 시스템의 일정 부분을 개선시키지만 그 개선으로 인해서 다른 부분이 악화될 때 기술적 모순이라고 한다.

5) 본 내용은 TETRIS(teaching TRIZ at school)의 5장의 일부를 요약한 것임.

예를 들면, 만약 액체 내 입자가 매우 작으면 액체는 투명하게 보이지만 입자는 보이지 않는다. 또는 액체 내 입자가 매우 크면 입자는 검출할 수 있지만 액체는 불투명하다.

- **물리적 모순** ; 시스템의 동일한 제어 변수(이하, 파라미터)에 물리적으로 서로 공존할 수 없는 반대되는 요건을 도입해야 하는 경우를 물리적 모순이라고 한다.

예를 들면, 검출하기 위해서는 입자 크기가 커야 하지만 액체의 투명도를 유지하기 위해서는 입자 크기가 작아야 한다.

창의적인 해결책이 필요한 상황에는 대체로 여러 유형의 모순이 감추어져 있다. 가장 바람직한 결과 도출을 가로막는 모순을 찾아내는 활동은 창의성이 필요한 상황에서 문제해결의 시작점으로 가는 첫 단계이다. 모순이 아주 뚜렷하면 문제 해결책은 대체로 간단하게 도출될 수 있다.

모순 유형에 대해 상술하면 다음과 같다.

(1) 관리적 모순

관리적 모순은 문제 해결방법을 아직 알지 못할 때 발생된다.

원하는 결과를 얻고 원치 않은 현상을 피하기 위해서 무언가가 요구되지만, 이를 위해서 어떻게 해야 할지 알지 못하는 경우에 발생되는 모순이다.

예를 들어, 제품의 품질을 증대시키고 원자재의 비용을 감소시키기 위해서는 창의적인 해결책이 필요하다. 관리적 모순은 그 자체가 일시적이고 경험적으로 적절한 방안이 없으며, 해결책의 방향이 보이지 않는다.

관리적 모순은 그 해석이 분명하지 않기 때문에 이를 간과하는 경우가 많다. 그러나 여기서 포기하지 않고 계속 고민, 검토하면 관리적 모순에서 기술적 모순으로, 계속해서 기술적 모순은 물리적 모순으로 도출할 수 있다.

(2) 기술적 모순

기술적 모순은 '두개의 하위시스템' 간의 갈등 또는 어떤 하위시스템과 외부 환경 간의 갈등을 나타낸다. 간단히 말해서, 두 개의 다른 파라미터들이 서로 충돌할 때 발생한다.

기술적 모순들은 다음과 같은 상황에서 발생될 수 있다.

- 창조되거나 강화된 하나의 하위시스템 내에서 유용한 기능을 창조하거나 강화시키는 활동이 다른 하위시스템(또는 환경)에서 새로운 해로움을 만들거나 기존의 해로운 기능을 강화시킬 때
- 하나의 하위시스템에서 해로운 기능의 제거나 감소 활동이 다른 하위시스템 내의 유용한 기능을 악화시킬 때
- 하나의 하위시스템에서 유용한 기술을 강화시키거나 해로운 기능을 감소시킬 때 발생하는 문제들이 다른 하위시스템들의 전체 기술에 영향을 미치거나. 또는 자원의 사용이 허용되지 않을 때

기술적 모순을 정의하는 여러 가지 모형들은 다음과 같다.

- 특성 A를 개선하려고 할 때 특성 B가 악화된다.
- 시스템 모순으로 어느 한 가지 물리적 모순과 이에 따른 각각의 두 가지 기술적 모순이 존재한다. 필요한 기능을 수행하기 위해서 파라미터로 V를 가져야 하고 문제의 조건을 만족시키기 위해서 파라미터로 V-아님(또는 V-반대)을 가져야 한다. 파라미터 V에서, 특성 A를 개선하려고 할 때 특성 B가 악화되며, 파라미터 V-아님(또는 V-반대)에서, 특성 B를 개선하려고 할 때 특성 A가 악화된다.
- 작동이 유용하면서도 동시에 해로울 때
- 작동이 유용하고 해로운 기능들을 야기시킬 때
- 유용한 작동의 도입 또는 해로운 효과의 감소가 어느 하위시스템들 또는 시스템 전체의 악화를 초래할 때

기술적 모순과 관련된 예를 들면 다음과 같다.

컨테이너의 강도를 더 강화시키려고 할 때 더 무거워진다. 우리는 높은 강도와 가벼운 무게를 동시에 원한다.

(3) 물리적 모순

물리적 모순은 한 가지 '파라미터'의 값들이 충돌하는 상황을 나타낸다.

물리적 모순은 다음과 같은 상황에서 발생될 수 있다.

- 어느 하위시스템 내에서 유용한 기능을 강화시키는 활동이 동시에 동일한 주요 하위시스템 내에서 기존의 해로운 기능이 강화될 때
- 어느 하위시스템 내에서 해로운 기능을 축소시키는 활동이 동시에 동일한 주요 하위시스템 내에서 유용한 기능이 감소될 때
- 어느 유용한 기능이 다른 유용한 기능에 불리하게 작용하거나, 해로운 기능의 감소가 다른 유익한 기능에 불리하게 될 때

물리적 모순의 모형은 다음과 같다.

- 어느 한 물리적 모순과 관련해서 두 기술적 모순이 존재한다.
- 어느 주어진 하위시스템(요소)은 필요한 기능을 수행하기 위해서 특성으로 A를 가져야 하고 문제의 조건을 만족시키기 위해서 특성으로 A-아님 또는 A-반대를 가져야 한다.

물리적 모순은 기술 시스템의 동일한 하위시스템(요소)의 어느 물리적 조건에 대해서 상반되는 요구조건들이 있다는 것을 의미한다.

물리적 모순과 관련된 예를 들면 다음과 같다.

> 의자의 경우 안전성을 위해서는 무거워야 하지만 이동성을 위해서는 가벼워야 한다.

(4) 트리즈 & 기술적 모순 & 물리적 모순

트리즈는 '창의적인 해결책이란 절충을 추구하는 것이 아니라 모순을 제거하는 것이며, 그런 모순들의 제거에 도움이 되는 발명원리와 분리 방법들을 사용할 것'을 제안한다.

공학 문제들의 해결책은 '무작위적으로(시행착오를 통해서)' 탐색하거나 또는 개인 지식과 유추에 기반해서 얻어진다. 반면에 트리즈는 추상적 개념화에 기초한 체계적인 과

정을 제공하는데, 문제해결자는 특수한 문제를 일반적인 문제로 바꾸어서 풀이한 다음에 이를 다시 특수한 해답으로 대응시킴으로써 해결책을 도출하게 된다.

어느 시스템 내의 모순들을 식별하고 이해하고 해결하는 활동은 그 시스템을 개선하는데 있어서 강력한 방법이다. 다음 장에서는 하나의 시스템 내의 기술적 모순과 물리적 모순들을 식별하고 해결하는 방법을 서술한다.

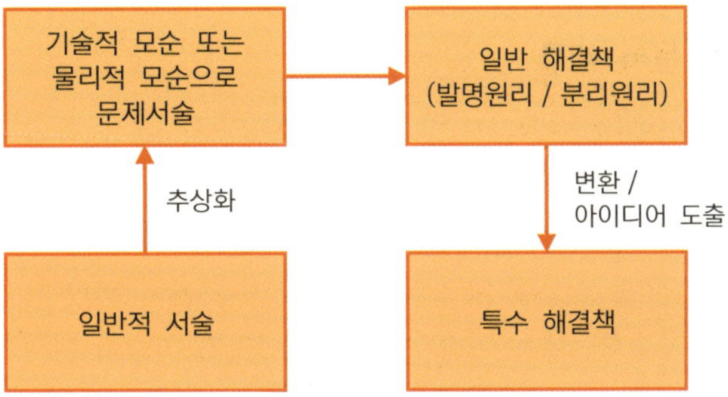

[그림 3.1] 모순 해결 절차

3.2 모순 유형의 문제해결[6)]

모순의 3가지 유형 가운데서 관리적 모순은 확실한 의미가 부족한 측면에서 이를 간과하는 경우가 많기 때문에, 여기서는 기술적 모순과 물리적 모순만을 대상으로 해서 문제 해결하는 방법을 서술한다.

(1) 기술적 모순의 문제 해결

기술적 모순은 어느 시스템에서 한 가지 파라미터의 개선 작업이 다른 파라미터를 악화시킬 때 생기는 시스템 내부 특성들 사이의 갈등이다. 문제를 기술적 모순으로 바꾸어 서술해 보면 문제의 원인을 이해하고 올바른 해결책을 빠르게 찾는데 유용하다.

위에서 언급한 기술적 모순을 제거하기 위해서는 40가지 발명원리를 사용할 수 있으며, 기술적 모순을 기술하는데는 기술 시스템의 39가지 기술적 파라미터가 있다.

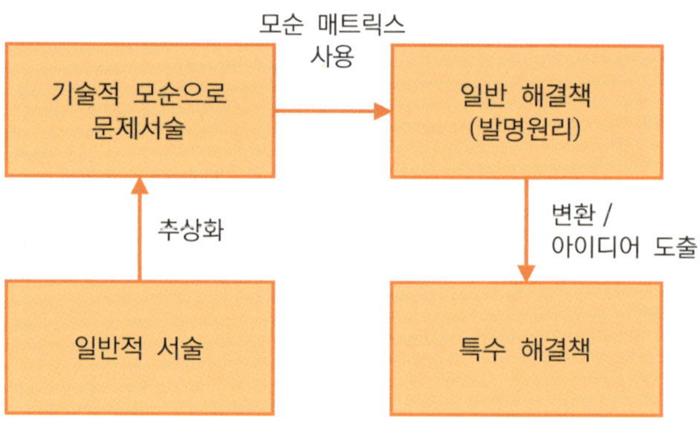

[그림 3.2] 기술적 모순의 문제해결 절차

1) 40가지 발명원리

발명원리는 아이디어들을 도출해서 기술적 모순들을 해결하는데 사용하는 트리즈의 유용한 도구이다.

40가지 발명 원리들은 적용하는데 특별한 지식을 요구하지 않고 아이들도 전문가들처럼 쉽게 사용할 수 있다.

6) 본 내용은 TETRIS(teaching TRIZ at school)의 5장의 일부를 요약한 것임.

① 40가지 발명원리

<표 3.1> 40가지 발명원리

1. 분할	2. 추출	3. 국부적 품질	4. 비대칭
5. 통합	6. 다용도	7. 포개기	8. 공중부양
9. 사전 반대조치	10. 사전 조치	11. 사전 예방	12. 높이 맞추기
13. 반대로 하기	14. 구형화	15. 역동성	16. 과부족 조치
17. 차원 바꾸기	18. 기계적 진동	19. 주기적 작용	20. 유용한 작용의 지속
21. 고속 처리	22. 전화위복/해로움을 이로움으로	23. 피드백	24. 매개체
25. 셀프 서비스	26. 복제	27. 일회용품/값싸고 짧은 수명	28. 기계 시스템의 대체
29. 공기식/수압식 구조물	30. 유연한 막 또는 얇은 필름	31. 다공질 재료	32. 색상 변경
33. 동질성	34. 폐기 및 재생	35. 속성 변환	36. 상전이
37. 열팽창	38. 산화 가속	39. 불활성 환경	40. 복합 재료

* 각 발명원리에 대한 상세 설명은 '부록1, 40가지 발명원리' 참조하기 바람.

사례 [발명원리 1. 분할 예시]

A. 독립적인 부분으로 대상물을 나눈다.

B. 대상물을 분해하기 쉽게 만든다.

C. 조각화 또는 분할의 정도를 증가시킨다.

발명원리 1. 분할 중 A의 구체적인 사례를 제시하면 다음과 같다.

- 범용 컴퓨터를 개인용 컴퓨터들로 대체
- 대형 트럭을 한 대의 트럭과 트레일러로 대체
- 작업을 세분화 구조로 사용해서 대형 과제를 수행
- 대상물을 분해하기 쉽게 만들기
- 조립식 가구
- 배관 설비에서 이음매(joint)의 빠른 차단
- 분열 또는 분할하는 수준을 증대
- 견고한 차양막을 베니션 블라인드로 대체

② 발명 원리 사용

일반적으로 문제를 해결하는 과정에서 40가지 발명원리를 적용할 수 있는 다음 두 가지 방법이 있다.

- 첫 번째 가장 단순한 방법은 발명 원리들의 친숙화이다. 특수 문제에서의 기술적 모순을 해결하기 위해서 발명 원리 각각을 또는 이들 조합을 적용하도록 한다.
- 두 번째 방법은 어느 기술적 모순을 설정한 다음에 모순 매트릭스을 활용함으로써 이 문제의 해결에 추천되는 발명원리 한 벌을 도출하는 것이다. 기술적 모순의 공식화와 문제 해결을 위해 추천된 원리를 제시한 모순 매트릭스의 활용은 다음에서 설명한다.

2) 모순 매트릭스

기술적 파라미터는 제시된 모순의 해결책을 설명할 수 있는 특성으로 39가지가 있다. 기술적 파라미터로서 x축에 있는 파라미터는 모순에서 악화되는 특성이고 y축에 있는 파라미터는 개선되는 특성으로, 39x39 매트릭스에 배열된다.

↓ 유용한 파라미터 / 개선하려는 특성 / 개선되어야 하는 특성 → 해로운 파라미터 / 원하지 않는 특성 / 악화되는 특성

모순 매트릭스

한 특성을 개선하려 할 때 악화되는 다른 특성

개선하려는 특성(↓)		1	2	3	4	5	6	7	8
1	움직이는 물체의 무게		-	15, 8 29, 34	-	29, 17	-	29, 2 40, 28	-
2	움직이지 않는 물체의 무게	-		-	10, 1 29, 35	-	35, 30 13, 2	-	5, 35 14, 2
3	움직이는 물체의 길이	8, 15 29, 34	-		-	15, 17 4	-	7, 17 4, 35	-
4	움직이지 않는 물체의 길이	-	35, 28 40, 29	-		-	17, 7 10, 40	-	35, 8 2, 14
5	움직이는 물체의 면적	2, 17 29, 4	-	14, 15 18, 4	-		-	7, 14 17, 4	-
6	움직이지 않는 물체의 면적	-	30, 2 14, 18	-	26, 7 9, 39	-		-	-
7	움직이는 물체의 부피	2, 26 29, 40	-	1, 7 4, 35	-	1, 7 4, 17	-		-
8	움직이지 않는 물체의 부피	-	35, 10 19, 14	19, 14	35, 8 2, 14	-	-	-	
9	속도	2, 28 13, 38	-	13, 14 8	-	29, 30 34	-	7, 29 34	-
10	힘	8, 1 37, 18	18, 13 1, 28	17, 19 9, 36	28, 10	19, 10 15	1, 18 36, 37	15, 9 12, 37	2, 36 18, 37
11	장력 또는 압력	10, 36 37, 40	13, 29 10, 18	35, 10 36	35, 1 14, 16	10, 15 36, 28	10, 15 36, 37	6, 35 10	35, 24
12	모양	8, 10 29, 40	15, 10 26, 3	29, 34 5, 4	13, 14 10, 7	5, 34 4, 10	-	14, 4 15, 22	7, 2 35
13	물체의 안정성	21, 35 2, 39	26, 39 1, 40	13, 15 1, 28	37	2, 11 13	39	28, 10 19, 39	34, 28 35, 40
14	강도	1, 8 40, 15	40, 26 27, 1	1, 15 8, 35	15, 14 28, 26	3, 34 40, 29	9, 40 28	10, 15 14, 7	9, 14 17, 15
15	움직이는 물체의 작용 지속시간	5, 19 34, 31	-	2, 19 9	-	3, 17 19	-	10, 2 19, 30	-
16	움직이지 않는 물체의 작용 지속시간	-	6, 27 19, 16	-	1, 40 35	-	-	-	35, 34 38
17	온도	36, 22 6, 38	22, 35 32	15, 19 9	15, 19 9	3, 35 39, 18	35, 38	34, 39 40, 18	35, 6 4
18	밝기	19, 1 32	2, 35 32	19, 32 16	-	19, 32 26	-	2, 13 10	-
19	움직이는 물체에 의해 사용된 에너지	12, 18 28, 31	-	12, 28	-	15, 19 25	-	35, 13 18	-
[illegible]	[illegible] 물체에 의해 사용된 에너지	-	[illegible]	[illegible]	-	-	-	-	-
[illegible]	[illegible]	[illegible]	[illegible]	[illegible]	[illegible]	[illegible]	[illegible]	35, 6	30, 6

[그림 3.3] 모순 매트릭스 (일부)

① 39가지 기술적 파라미터(TP; Technical Parameter) (또는 39가지 특성)

39가지 기술적 파라미터는 다음과 같다. 아래 39가지 기술적 파라미터 중에서 '물체(object)' 용어는 40가지 발명원리에서 '대상물(object)'에 해당된다.

1. 움직이는 물체의 무게 (Weight of moving object)	21. 동력 (Power)
2. 움직이지 않는 물체의 무게 (Weight of non-moving object)	22. 에너지 손실 (Waste of energy)
3. 움직이는 물체의 길이 (Length of moving object)	23. 물질의 손실 (Waste of substance)
4. 움직이지 않는 물체의 길이 (Length of non-moving object)	24. 정보의 손실 (Loss of information)
5. 움직이는 물체의 면적 (Area of moving object)	25. 시간의 손실 (Waste of time)
6. 움직이지 않는 물체의 면적 (Area of non-moving object)	26. 물질의 양 (Amount of substance)
7. 움직이는 물체의 부피 (Volume of moving object)	27. 신뢰성, 내구성 (Reliability)
8. 움직이지 않는 물체의 부피 (Volume of non-moving object)	28. 측정의 정확도 (Accuracy of measurement)
9. 속도 (Speed)	29. 제조의 정밀도 (Accuracy of manufacturing)
10. 힘 (Force)	30. 물체에 작용하는 해로운 인자 (Harmful factors acting on object)
11. 장력 또는 압력 (Tension/ Pressure)	31. 해로운 부작용 (Harmful side effects)
12. 모양 (Shape)	32. 제조의 용의성 (Manufacturability)
13. 물체의 안전성 (Stability of object)	33. 사용의 편의성 (Convenience of use)
14. 강도 (Strength)	34. 유지 보수의 용이성 (Repairability)
15. 움직이는 물체의 작용 지속 시간 (Durability of moving object)	35. 적응성 (Adaptability)
16. 움직이지 않는 물체의 작용 지속 시간 (Durability of non-moving object)	36. 장치의 복잡성 (Complexity of device)
17. 온도 (Temperature)	37. 제어의 복잡성 (Complexity of control)
18. 밝기 (Brightness)	38. 자동화 정도 (Level of automation)
19. 움직이는 물체에 의해 사용된 에너지 (Energy spent by moving object)	39. 생산성 (Productivity)
20. 움직이지 않는 물체에 의해 사용된 에너지 (Energy spent by non-moving object)	

* 39가지 기술적 파라미터의 설명은 '부록 2. 39가지 기술적 파라미터'를 참조하기 바람.

3) 문제 해결 예시

'개선되는 것 - 악화되는 것' 또는 '만약에-그러면-그렇지만' 정의하기

시스템의 모순적인 상황을 찾아내기 위한 간단한 방법은 (문제를 한 줄로 요약한 후에) 두 가지의 질문에 대답하는 것이다.

해결하려는 문제와 문제 배경 요약

개선되는 것(좋음)	악화되는 것(나쁨)
시스템의 이 부분은 개선됨 ...	이 부분을 희생해서....

기술적 파라미터 - 특성 향상	기술적 파라미터 - 특성 악화

모순 매트릭스에서 기술적 파라미터들의 교차점에 있는 발명원리 번호
(행) vs. (열) 발명원리 :

사례 [항공기 날개의 음향 측정[7]]

항공기 날개의 비행 시험 업무의 일환으로 비행 중에 방출되는 음향을 측정해야 한다. 정확한 측정이 필요하지만 시험 장비의 무게에 제한이 있다. 현재 사용 가능한 센서로는 전기 센서와 광센서가 있는데, 전기 센서(electrical sensor)는 요구되는 높은 정확도를 제공해서 좋기는 하지만 전력 소비가 많고 너무 무거워서 비행 시험에 사용할 수 없으며, 이보다 훨씬 가벼운 광센서(optical sensor)는 정확도가 너무 떨어져서 이 또한 사용할 수 없다. 높은 정확도를 제공하면서도 무게가 가벼운(또는 전력 소비가 적은) 센서가 필요하다.

7) 본 사례는 공학자를 위한 트리즈(홍현필 외 5인 공역, 2015) p.133-139를 요약한 것임.

단계1 : '개선되는 것 - 악화되는 것, 또는 '만약에-그러면-그렇지만' 정의하기

해결하려는 문제와 문제 배경 요약
센서의 정확도를 높이면 무게 또는 전력 소비가 증가된다.

개선되는 것(좋음)	악화되는 것(나쁨)
시스템의 이 부분은 개선됨 ...	이 부분을 희생해서....
센서의 정확도	무게
	전력 소비

단계2 : 모순으로 서술하기

센서의 정확도를 높이면 무게(또는 전력 소비)가 증가된다.

단계3 : 기술적 모순 서술을 좀 더 기술적 파라미터로 서술하기

- 측정의 정확도가 높아진다 → 움직이는 물체의 무게가 증가된다
- 측정의 정확도가 높아진다 → 동력이 증가된다

기술적 파라미터 - 특성 향상	기술적 파라미터 - 특성 악화
센서의 정확도가 높아진다	그러나 무게가 증가한다
측정의 정확도가 개선된다	무게가 악화된다
측정의 정확도 - TP 28	움직이는 물체의 무게 - TP 01

기술적 파라미터 - 특성 향상	기술적 파라미터 - 특성 악화
센서의 정확도가 높아진다	그러나 전력소비가 증가한다
측정의 정확도가 개선된다	동력이 악화된다
측정의 정확도 - TP 28	동력 - TP 21

단계4 : 식별된 발명원리로 아이디어를 생성하여 문제의 해결방안 제시하기

모순 매트릭스에서 기술적 파라미터들의 교차점에 있는 발명원리 번호
(28행) vs. 1열) 발명원리 : 32, 35, 26, 28
(28행) vs.21열) 발명원리 : 3, 6, 32

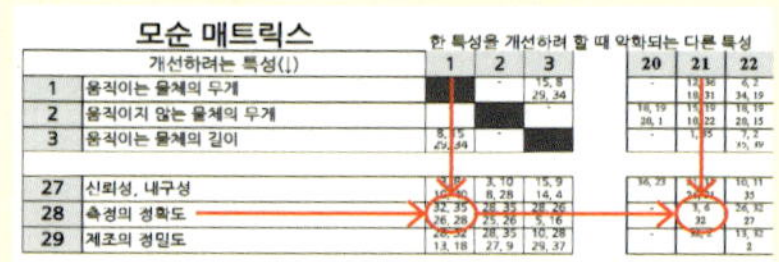

[그림 3.4] (28행) - (1열 & 21열) 발명원리 도출

모순 매트릭스에서 도출된 발명원리 7개에서 볼 때, 발명원리 32(색상변경)[8]이 두 곳 모두에서 제안되었음을 감안해서 색상변경의 원리를 검토한 결과, 압전 소자의 전기 신호를 받아 광섬유로 보낼 수 있는 전기 변색 소재를 사용하는 것이 최종 아이디어이다.

해결방안	
발명원리 32. 색상변경	전기 변색 소재(electro-chromatic interface)를 사용해서 압전소자의 전기 신호를 광으로 전환 → 광 섬유(optical fiber)로 전송 → 자료 기록장치

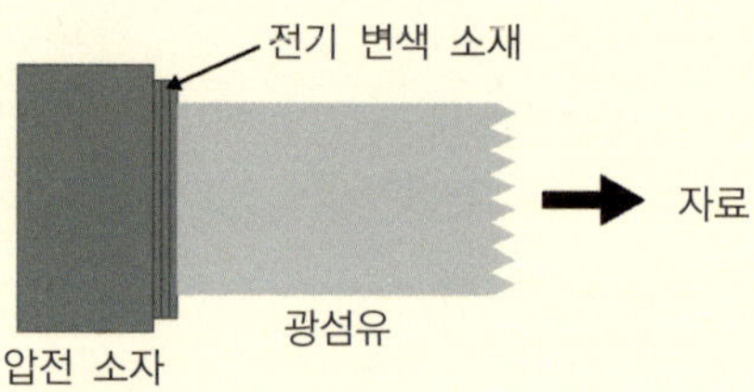

(2) 물리적 모순의 문제 해결

물리적 모순은 시스템의 어느 한 요소의 동일한 파라미터에 두 개의 서로 배타적인 물리적 요건들이 문제가 되어 생기는 갈등이다.

8) 발명원리 32. 색상 변경은 물질이 외부 신호에 따라 자신의 색상을 바꾸는 원리임. 예, 전기 변색 소자, 광 감지 안경, 위장막 등.

모순 공식은 다음과 같은 형식을 갖는다 :

시스템의 어느 주어진 요소는 어떤 요구된 기능을 수행하기 위해서(문제를 해결하기 위해서) 특성 A를 가져야만 하며 그리고 이 요소는 기존의 한계와 요구사항들을 만족시키기 위해서 특성 A-아님(NON-A)를 가져야 한다.

물리적 모순과 관련된 예를 들면 다음과 같다.

커피의 맛을 유지하기 위해서는 커피잔이 뜨거워야 하지만, 커피잔을 손으로 잡기 위해서는 커피잔이 차가워야 한다.

물리적 모순은 모순적인 요구사항을 다음과 같이 분리함으로써 해결할 수 있다.

4가지 분리 원리

알려진 물리적 모순을 다룰 때, 다음 4가지 분리원리 중 하나를 사용할 수 있다.

- 시간으로 분리
- 공간으로 분리
- 조건으로/관계로 분리
- 시스템 수준으로 분리

* 분리원리와 관련된 발명 원리는 '부록 5. 분리원리와 발명원리의 관계'를 참조하기 바람.

1) 시간으로 분리

이 개념은 시간에 따라 반대되는 요구사항들을 분리하는 것이다.

만약 어느 시스템이나 과정이 모순적인 요구조건들을 만족시켜야 하고, 모순적인 기능들을 수행해야 하거나 모순적인 조건들을 작동해야만 한다면, 갈등이 발생되는 요구사항, 기능 또는 작동이 서로 다른 시간대에 작동될 수 있도록 시스템 작동의 일정계획을 수립한다.

'시간으로 분리'의 개념은 이른바 '작동 시간'의 정의에 근거를 둔다. 즉, 우리가 요구사항을 필요로 하는 '시간'을 의미한다.

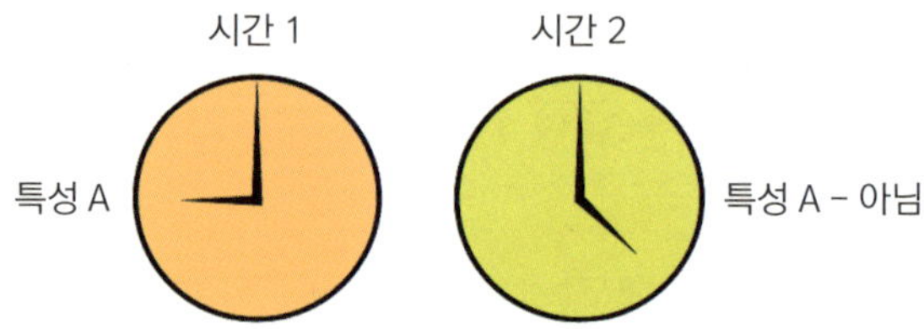

[그림 3.5] '시간으로 분리' 개념도

우리가 물어보아야 하는 질문은 특성 A가 필요한 때가 '언제나'인가? 아니면 단지 '어떤 특정 시간에 한정'된 것인가? 이다

특성 A가 항상 필요한 것이 아니라면, 그것을 시간으로 분리시킬 수 있다.

'시간의 분리'와 관련되는 발명의 원리는 다음과 같다.

- 발명원리 9 : 사전 반대조치
- 발명원리 10 : 사전 조치
- 발명원리 11 : 사전 예방
- 발명원리 15 : 역동성
- 발명원리 34 : 폐기 및 재생

  …

사례 [줄자]

자는 거리를 측정하기 위해서는 넓은 범위를 포함해야 하므로 길어야 하지만 가지고 다니기 위해서는 짧아야 한다.

발명원리 15. 역동성은 자의 내적 자유도를 증가시키는 것으로 이와 관련된 제품으로 '줄자'가 있다.

사례 [역동적 귀가 있는 바늘]

바늘의 작은 귀에 굵은 실을 꿰는 일은 어렵다. 우리는 이 상황을 표현하는데 물리적 모순을 서술하면 다음과 같다: 바늘 귀에 실의 삽입을 용이하게 하기 위해서는 바늘 귀가 커야 하지만, 편리하게 바느질을 하기 위해서는 바늘 귀가 작아야 한다.

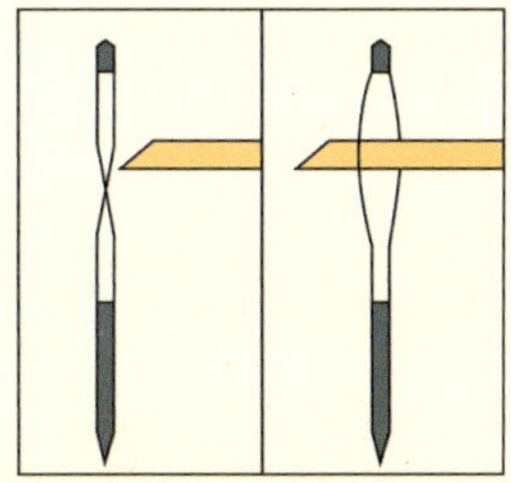

[그림 3.6] 바늘

모순을 시간으로 분리함으로써 이 문제는 다음과 같이 공식화될 수 있다: 실이 삽입되는 동안에는 바늘구멍이 커야 하며, 바느질하는 동안에는 작아야 한다.

영국인 R. Paces는 두 개의 가느다란, 동일한 길이를 가진 스프링 비슷한 철사(wire)로 만들어진 바늘을 설계했다. 두 철선은 한쪽 끝에 합쳐서 용접하고, 3/4에서 한 바퀴 비틀고, 그 다음에 반대편 끝을 용접한다. 그 결과 바늘은 보통 바늘처럼 보이지만, 가볍게 돌리면 실이 쉽게 통과될 수 있는 큰 구멍이 나타난다. 놓아두면 바늘은 처음의 모양으로 돌아가서 실을 꼭 잡아둔다(자료원: Ideation, TRIZ Tuitorial).

2) 공간으로 분리

이 개념은 반대되는 요구사항을 공간으로 분리하는 것이다.

만약 어느 시스템이 모순되는 기능을 수행해야 하거나 모순되는 조건에서 작동해야 한다면, 시스템을 하위 시스템으로 분할하도록 하고 그 다음에 모순되는 기능이나 조건을 각각 다른 하위 시스템에 할당한다.

'공간으로 분리'의 개념은 이른바 '작동 공간'의 정의를 기반으로 하는데, 이것의 의미는 반대되는 요구조건을 필요로 하는 '장소'이다.

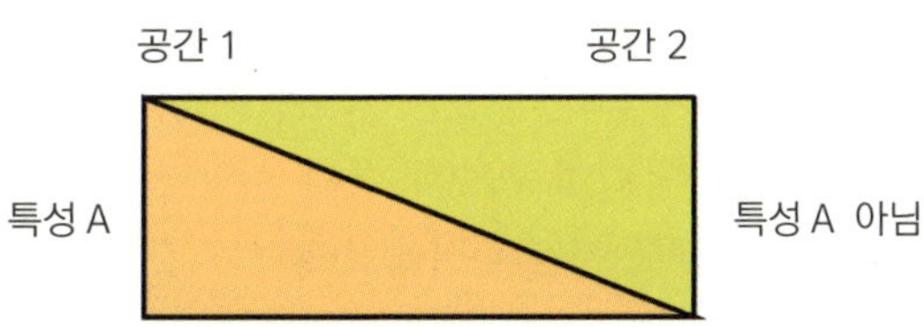

[그림 3.7] '공간으로 분리' 개념도

'공간의 분리'를 적용할 때 해 볼 수 있는 질문은 특성 A가 필요한 곳이 '어디서'인가? 아니면 단지 '어떤 특정 장소에 한정된 것'인가? 이다. 즉, 특성 A가 어디서나 필요한 것이 아니라면, 그것을 공간으로 분리를 시도할 수 있다.

'공간의 분리'와 관련되는 발명의 원리는 다음과 같다.

- 발명원리 1. 분할
- 발명원리 2. 추출
- 발명원리 3. 국부적 품질
- 발명원리 4. 비대칭
- 발명원리 7. 포개기
- 발명원리 13. 반대로 하기
- 발명원리 17. 차원 바꾸기

…

사례

커피 잔은 맛을 유지하기 위해서는 뜨거워야 하지만 잡기 위해서는 뜨겁지 않아야 한다. 발명원리 7. 포개기 아이디어를 사용해서 커피 잔을 공간적으로 분리할 수 있다.

[그림 3.8] 컵홀더

사례

금속 표면을 화학적으로 도금하는 과정은 다음과 같다: 금속 제작품은 금속염 용액(예, 니켈, 코발트 등)으로 채워진 통(bath)에 둔다. 환원반응이 지속되는 동안 금속은 용액으로부터 제작품의 표면에 침전한다. 온도가 높으면 진행 과정은 더 빨라지지만, 고온에서 용액이 분해되고 화학물질의 최대 75%가 통의 바닥과 측면에 정착하여 손실된다. 안정제 추가는 효과가 없으며, 저온에서 과정을 진행하는 것은 생산성을 크게 감소시킨다.

공간으로 분리하는 원칙을 적용하려면, 예로 우리는 다음과 같이 자문해 볼 수 있다. 우리는 이 파라미터(여기서는 온도)가 어디에서나 높아야(그리고 낮아야)한 것일까, 또는 어떤 장소에서만 필요한 것일까?를 생각해 볼 수 있다. 만약에 온도가 어디에서나 고온이고 저온일 필요가 없는 것이라면, 공간으로 반대되는 이들 요구사항들을 분리시킬 수 있다.

이 경우에 우리는 통 내부의 모든 곳에서가 아니라 부품의 근방에서만 온도를 높일 필요가 있다. 이것이 어떻게 달성될 수 있을까?

해결책은 다음과 같다 : 제작품을 용액에 담그기 이전에 고온으로 미리 가열해서 금속염 용액에 담가 도금한다. 그러면 용액은 제작품 근처는 뜨겁지만 그 외 모든 곳은 항상 차갑다(이렇게 하는 또 다른 방법으로 도금 과정 중에 제작품에 전류를 가해서 가열하는 방법이 있다).

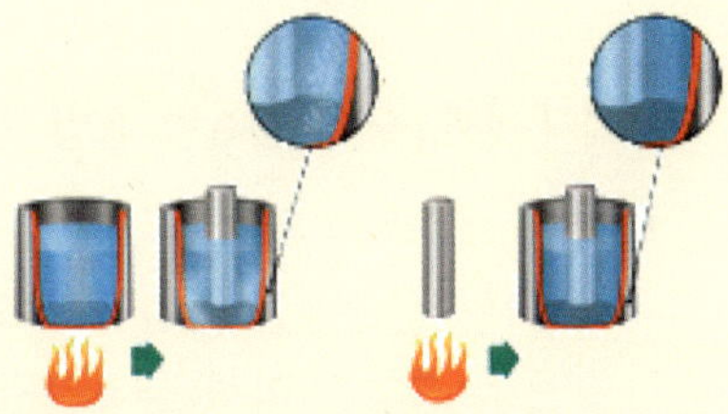

[그림 3.9] 금속 도금

자료원 : Ideation, TRIZ Tutorial

3) 조건으로/관계로 분리

어느 조건의 반대 요구사항을 분리한다는 개념은 유용한 어느 과정 내에서 특수 조건들이 존재할 때 발생되는 모순을 해결할 수 있다. 단지 유용한 과정(프로세스)만 실행되도록 하기 위해서는 시스템 또는 환경을 변경할 것을 고려하라.

예로 주방에서 사용하는 체는 파스타는 거르지만 물을 거르지는 않는다.

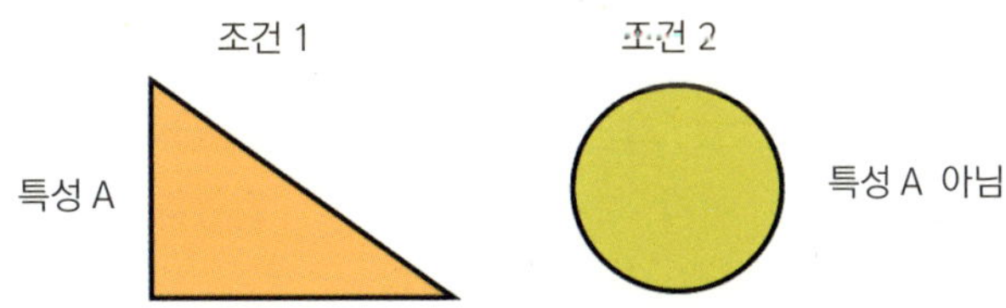

[그림 3.10] '조건으로/관계로 분리' 개념도

우리가 물어보아야 할 질문은 '조건으로/관계로 분리' 원리를 적용하기 위해 우리는 특성 A와 A-아님 양쪽 모두가 충족되기 위해서는 '시스템 또는 그 환경의 조건들을 변경 내지 수정할 수 있을까?'이다.

'조건으로/관계로 분리'와 관련되는 발명의 원리는 다음과 같다.

- 발명원리 28. 기계 시스템의 대체
- 발명원리 29. 공기식 / 수압식 구조물
- 발명원리 31. 다공질 재료
- 발명원리 32. 색상 변경
- 발명원리 35. 속성 변환

…

사례 [제재소에서 순수한 톱밥 구입하기]

- 문제 공식화 :

제재소에서 순수한 톱밥만을 모으려고 한다. 진공청소기로 톱날의 주변 지역을 빨아들인다. 톱밥은 이제 금속 흡입 파이프를 통해 수집 탱크로 전달된다. 문제는 작은 나무 조각까지 진공청소기로 흡입되어서 탱크 내용물 품질이 낮아진다는 점이다.

모순의 서술은 다음과 같다 : 톱밥을 모두 흡입하기 위해서는 흡입력이 강력해야 하지만 나무 조각들을 흡입하지 않기 위해서는 흡입력이 약해야 한다.

- 해결책 :

흡입관의 단면 직경을 어느 특정 부위에서 (블록형으로) 키워서 큰 나무 조각들이 이 부위에 모이게 하며, 이로써 흡입관 속으로 큰 나무 조각이 들어가지 않게 한다.

4) 시스템 수준으로 분리

이 개념은 어느 대상 전체 또는 그 부품들 내부에서 반대되는 요구 사항들을 분리하는 것이다. 만약 어느 시스템이 모순적인 기능을 수행해야 하거나 또는 모순적인 조건 내에서 작동해야만 한다면, 그 시스템을 분할하고 모순적인 기능 또는 조건들 중 하나를 어느 하위 시스템(또는 여러 하위 시스템들)에 할당하도록 함으로써 시스템이 전반적으로 나머지 기능과 조건들을 유지하게 한다.

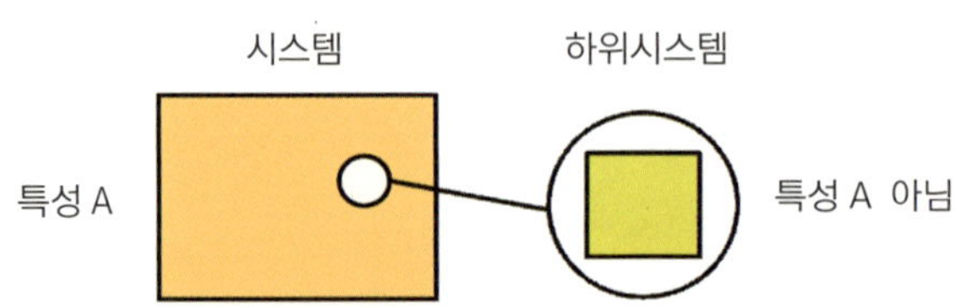

[그림 3.11] '시스템 수준으로 분리' 개념도

'시스템 수준으로 분리' 원리를 적용하기 위해 우리가 물어보아야 하는 질문은 우리는 특성A와 A-아님에 대하여 전체 시스템에 '그들 중 하나에 할당하고 그 나머지를 그 부품들에 할당함으로써 만족할 수 있는가?'이다.

'시스템 수준으로 분리'와 관련되는 발명의 원리는 다음과 같다.

- 발명원리 6. 다용도
- 발명원리 12. 높이 맞추기
- 발명원리 22. 전화위복/해로움을 이로움으로
- 발명원리 23. 피드백
- 발명원리 27. 일회용품/값싸고 짧은 수명

…

사례 [복잡한 형상의 가공품 붙잡기]

복잡한 형상의 가공품을 붙잡기 위해서, 바이스의 턱은 해당 형태를 가지고 있어야 한다. 모든 가공품마다 고유한 도구를 갖추는 것은 비효율적이다. 게다가, 가변형 그리퍼(gripper)는 붙잡아야 하는 가공품의 형상에 맞출 수 있겠지만, 붙잡는 힘은 악화될 것이다.

[그림 3.12] 바이스

- 물리적 모순 :

  그리퍼가 제대로 가공품을 붙잡기 위해서는 뻣뻣해야 하며, 가공품 자체의 복잡한 형상에 맞추기 위해서는 유연해야 한다.

- 해결책 :

  일반적인 턱이 있는 바이스를 사용하되, 가공품 형상에 따라 수평적으로 움직이는 다수의 단단한 부싱(bushing, 구멍 속에 끼우는 금속관)을 가공품 주변에 추가해서 삽입한다(시스템 수준에서는 형상에 맞추어서 유연하게 붙잡으며, 하위시스템 수준에서는 뻣뻣함을 유지한다).

생각해보기 06

1. 금속 알갱이 이송 파이프 파손

금속 알갱이(pellets)를 고압 공기로 빠르게 이송시키는 파이프가 있는데, 휘어진 부분의 금속 파이프 내벽에서 금속 알갱이가 부딪치면서 파이프가 빠르게 마모되어 파손되는 문제가 자주 발생되고 있다.

생산성을 고려해서 이송 속도를 현행처럼 빠르게 유지하려는 경우, 파이프가 자주 파손되어서 파이프 교체로 인한 낭비가 많아지고 시스템 신뢰성이 낮아지게 되는 등 여러 문제가 발생된다.

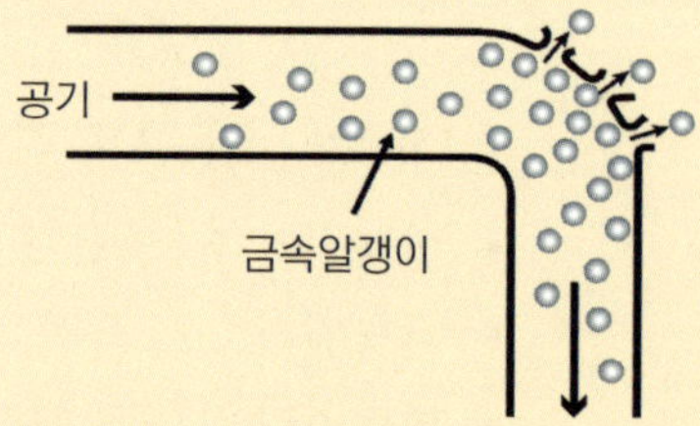

[그림 3.13] 파이프 파손

금속 알갱이 이송 속도를 빠르게 유지하면서도 휘어진 부분의 파이프 파손을 줄일 수 있는 방안이 필요하다.

① 기술적 모순을 서술하라.

② 개선되는 특성과 악화되는 특성을 서술하라.

개선되는 특성	악화되는 특성
( )	( )

③ 모순 매트릭스를 사용해서 발명원리들을 제시하라.

④ 해결방안을 제안하라.

2. 맛있는 국수

밀가루로 음식을 만들 때 단백질 성분(글루텐) 함량이 높은 강력분으로 만든 음식은 탄성과 점성이 높아서 씹는 맛은 좋지만 쫄깃하고 부드러움이 떨어지는 반면에, 함량이 중간 정도인 중력분으로 만든 음식은 쫄깃하며 부드러운 성질은 높지만 씹는 맛은 부족하다.

씹는 맛도 좋으면서도 쫄깃하고 부드러운 식감을 제공하는 국수 요리법이 필요하다.

① 기술적 모순을 서술한 다음에 발명원리를 적용해서 해결책을 제안하라.

② 물리적 모순을 서술한 다음에 분리 원리를 사용해서 해결책을 제안하라.

3. 뉴커먼 기관의 개선

제임스 와트는 대학에서 과학기기 제작과 수리 업무를 수행하던 중에 뉴커먼 기관의 수리를 맡게 되었다. 이 기관은 뜨거운 수증기가 실린더에 들어가서 피스톤을 밀어올리고, 그 다음에는 뜨거워진 실린더에 차가운 물을 뿌려 넣어서 실린더가 냉각되어서 피스톤이 내려가고, 다시 뜨거운 수증기가 실린더에 들어가서 피스톤을 밀어 올리는 과정이 반복된다. 이 과정을 보면 냉각된 실린더를 가열하는 데 열의 상당 부분이 사용되고 있으므로 매우 비효율적임을 알 수 있다. 만약 실린더를 냉각시키지 않으면서 피스톤을 내릴 수 있다면 에너지 효율이 향상될 것이다.

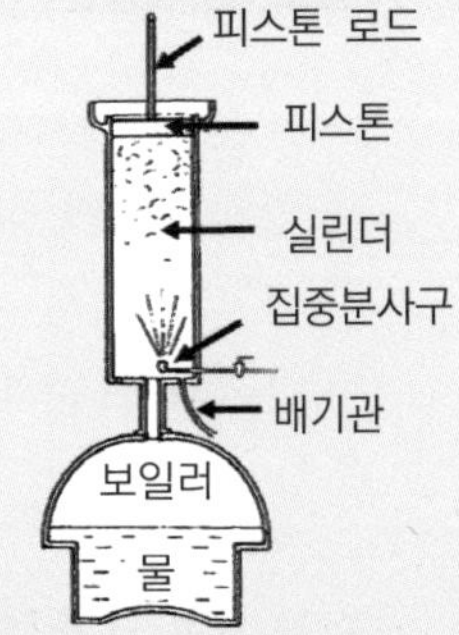

[그림 3.14] 뉴커먼 기관

① 뉴커먼 기관의 모순을 서술하라.

② 뉴커먼 기관의 모순을 해결하는 방안을 제안하라.

3.3 다양한 문제해결 방법

본 절에서는 트리즈를 활용하여 문제해결시 가장 많이 활용되는 방법론인 '기능지향검색', '과학적 효과', '생체모방공학', 그리고 '물질-장 분석과 표준해'를 제시하고자 한다. 2장에서 시스템과 기능을 먼저 학습하였다면, 기능지향검색, 과학적 효과, 물질-장 분석과 표준해를 이해하기가 좀 더 수월할 것이다.

(1) 기능지향검색(Function Orientation Search, FOS)[9)]

기능지향검색(FOS)는 트리즈 기능분석을 기반으로 한 검색을 통해 문제를 해결하는 방법으로 크게 두가지 장점이 있다. 첫 번째는 해결책의 구현 가능성을 검증할 필요가 없다는 점이다. FOS로 발굴된 해결책은 이미 선도분야(Leading area)에서 쓰이고 있는 검증된 기술이기 때문이다. 두 번째는 이종산업 분야에서도 아이디어를 찾으므로써 더 효과적으로 해결안을 찾을 수 있다는 점이다.

기능지향검색은 다음과 같은 3단계 절차로 구성된다.

① 기능의 일반화 → ② 선도분야 선정 → ③ 개념의 구체화

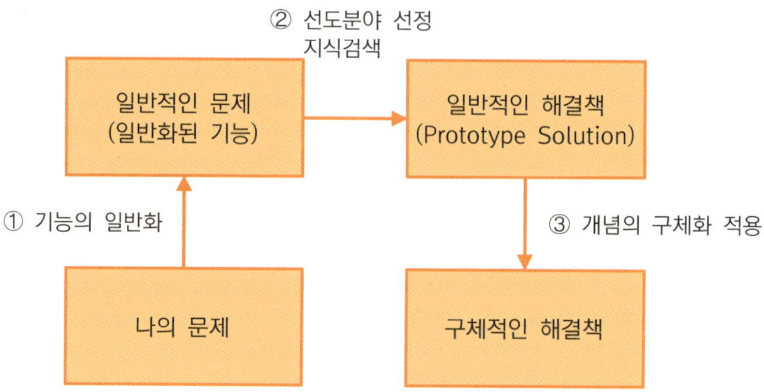

[그림 3.15] 기능지향검색 절차

9) 본 장은 '2017 대진대학교 TRIZ Level2 인증과정' 강의자료집(R&BD Partners, 2017)의 내용을 참고하여 재작성하였음.

1) 기능의 일반화

최초 문제에 대한 기능을 정의할 때 해결하려는 상황의 명확화를 위해 다음과 같은 사항을 고려해서 해당 기능을 일반화 할 필요가 있다.

- 구현하고자 하는 핵심 기능을 명확하게 정의한다.
- 기술시스템의 주기능 또는 유익하지만 부족한 기능을 파악한다.
- 기술시스템의 존재이유를 고려한다.
- 기능은 '동사+목적어(verb+object)[10]'의 형태로 표현한다.
- 특수한 기술용어를 배제하고, 일반적인 쉬운 용어로 표현한다.
- 대상(Object, 목적어)의 일반화: 형상이나 용도를 특정하지 않고 추상화하여 일반적인 모양으로 표현한다.
- 기능의 일반화: 대상의 어떤 파라미터를 유지/변경시키는는지 고려하여 표현한다.

사례 ['접어놓은 우산이 넘어진다'의 해결책]

우선 우산의 최초 문제 상황인 '접어놓은 우산이 넘어진다'의 원하는 기능의 일반화를 생각해보자.

- 기능의 일반화 : 우산이 스스로 제자리에 서 있는다.
- 기능으로 표현 : hold umbrella
- 기술용어 제거 : hold object(stick, bar, rod)

2) 선도분야 선정

선도분야란 우리가 찾고자 하는 기능이 우리의 기술분야보다 더 심각하고 중요한 결과를 초래하며, 사용조건이나 환경이 더 열악한 분야를 말한다. 이러한 분야는 유사한 기능을 사용하기 위해 이미 상당한 투자가 이루어졌을 가능성이 높다. 또한 해당 기능을 개선하기 위해 더 많은 전문가들이 노력하고 있을 것이다. 따라서 선도분야에는 우

10) 영어 검색에서 'verb object'형식으로 검색하는 것이 일반적이며, 주어(subject)가 정해져 있지 않는 경우, 검색 질문은 'How to verb object'가 될 것임.

리와 유사한 문제를 해결했거나, 유사한 기능을 더 잘 구현해 줄 수 있는 더 발전된 기술과 아이디어가 있을 가능성이 매우 높다.

선도분야로 고려할 수 있는 지표로 다음과 같은 것들이 있을 수 있다.

- 유구한 역사의 전통적인 산업 : 농림축산, 국방, 유리, 금속, 방직, 엔진, 시계, 구두, 출판
- 시장규모가 큰 산업 : 자동차, 항공기, 디스플레이, 반도체
- 초고가 : 우주선, 달 탐사선, 원자폭탄, 귀금속, 희토류
- S-곡선에서 도입기/성장기 보다는 성숙기/쇠퇴기에 가까운 산업 : 브라운관, 라디오, 마우스
- 정보보안이 아주 철저한 산업 : FBI, CIA, 테러리스트, 스파이, 코카콜라 제조법
- 더욱 위험한 물질을 취급하는 산업 : 폭발물, 폭탄, 바이러스, 독극물, 무기, 기밀
- 더욱 빠른 시간 안에 완료해야 하는 산업 : F1, 조업중단 손실이 아주 큰 석유화학 연속공정
- 더욱 열악한 조건에서 수행하는 산업 : 중장비, 해상구조물, 극지 구조물, 탄광, 사막, 밀림, 초고층 빌딩
- 절대로 실패가 용납되지 않는 산업 : 우주선, 미사일, 도박, 테러, 암살
- 작업자 스스로 수행하는 산업 : 무인 항공기, 무인 열차, 무인 선박, 무인 감시시스템

이 단계에서는 기능 모델의 Action(동사)를 다양하게 바꿔본다. 예를 들면 다음과 같다.

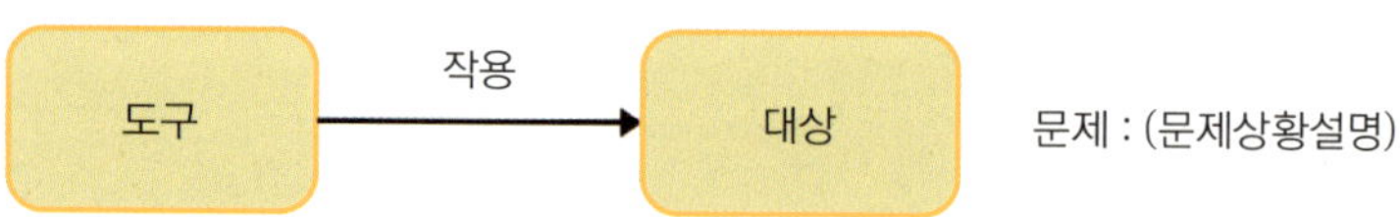

big/small	fast/slow
heavy	strong/weak
expensive/cheap	traditional/historical
rare/scare	common/general
....	....

* 검색할 때 주로 영어 검색을 하므로 영어로 표기한다

또한 모순적 상황을 심화시키기 위해서 위 작업을 반복해 본다. 예를 들어 아웃도어 의류의 경우, 직물의 기공이 크면 통풍이 잘되지만 방수가 어렵고, 기공이 작으면 통풍은 어렵지만 방수는 잘된다(그림 3.16).

[그림 3.16] 모순 모델의 심화

3) 개념의 구체화

개념의 구체화란 이전 단계를 거치는 동안 얻은 해결책 개념을 적용 가능하도록 구체화하는 단계이다. 즉, 기능의 일반화와 선도분야 선정을 거쳐 가능한 해결책을 발굴하더라도 이를 그대로 우리의 시스템에 도입하지 못하는 경우도 있다. 따라서 우리의 시스템 요구사항과 발굴된 후보기술의 유사성(기능, 파라미터, 규격, 크기, 모양, 작동속도, 성능 품질, 운전조건, 위험성 등)을 검토하는 개념의 구체화가 필요하다.

FOS로 도출된 여러 해결책이 경합하는 상황이라면 특성 전이(Feature transfer) 방법을 활용할 수 있다. 우선 요구되는 특성별로 각 시스템을 평가한다. 그 다음 기본 시스템을 선정한 후 대체 시스템의 강점을 기본 시스템으로 전이한다. 예를 들어 나사못과 못의 특성을 평가하고, 특성전이하여 새로운 아이디어를 얻으면 다음과 같다.

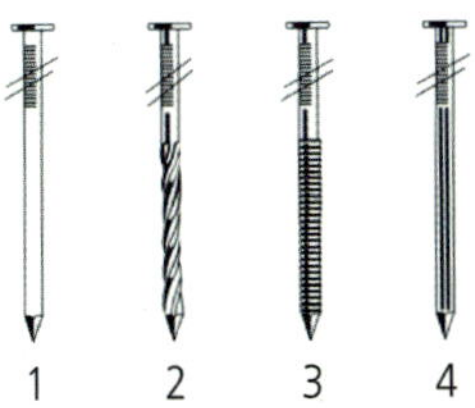

[그림 3.17] 못

특성	못	나사못	새로운 아이디어
Ease of penetration	+	−	+
Effectiveness in holding	−	+	+

1: 못, 2, 4: 특성전이된 못, 3: 나사못

생각해보기 07

기능지향검색 과정인 기능의 일반화, 종합 query 등을 작성해 보고 인터넷 검색을 실시한 후 적용가능한 아이디어를 2가지 이상 제시해 보자.

■ 기능의 일반화

문제	투명한 얼음을 만드는 방법은?
일반화	

■ 종합 Query 작성

	동사(Verb)	형용사(Adjective)	목적어(Object)
기능			
기능의 확장			
종합 Query			
Database			

■ 적용가능한 아이디어 제시

아이디어		
	→	
	→	
	→	
	→	

(2) 과학적 효과

과학적 효과와 현상의 활용은 정형화된 문제의 모순이 물리적 수준에서 해결되고 있기 때문에 가장 높은 혁신 단계의 해결책을 개발하는 발명가에게 도움이 된다.

정확한 효과를 찾기 위해서 알트슐러는 물리적 변수를 수집하기 시작하였고 필요 효과 또는 특성에 대하여 체계화 하였다. 그래서 특별한 지식 데이터베이스가 탄생했다. 몇 가지의 소프트웨어 툴과 온라인 서비스에 의해서 지난 몇 년간 발전했다.

트리즈에서 효과의 전통적인 분류는 물리, 화학, 그리고 기하학으로 나뉜다.

- 물리적 효과는 에너지의 어떤 종류를 다른 종류로 변환시킨다.
- 화학적 효과는 에너지의 흡수 또는 방출에 의해 어떤 물질에서 다른 물질을 얻게 한다.
- 기하학적 효과는 시스템에서 이미 이용 가능한 에너지와 물질을 재구성하거나 재분배시킨다.

문제의 일반적인 설명으로부터 원하는 기능(원하는 효과나 특성)을 정의한 다음, 부록 4. 과학적 효과 표나 과학적 효과 데이터베이스를 제공하는 인터넷 페이지를 활용하여 원하는 효과나 특성을 제공하는 물리적 현상을 찾아본다. 이렇게 찾은 물리적 현상을 적용하여 문제의 명확한 해결책을 얻을 수 있다(그림 3.18).

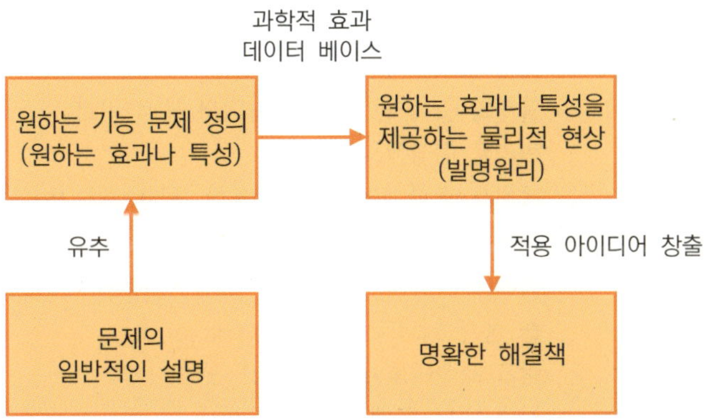

[그림 3.18] 과학적 효과를 활용한 문제해결 절차

'필요한 효과나 특성'은 표 3.1과 같이 정의되며, 그에 따른 과학적 효과는 표 3.2로 그 일부를 예시하였다.[11]

11) '부록 4. 과학적 효과' 참조 바람

<표 3.1> 필요한 효과나 특성

1. 온도 측정
2. 온도 낮추기
3. 온도 높이기
4. 온도 안정화
5. 대상물 위치 찾기
6. 대상물 이동하기
7. 액체나 가스 이동하기
8. 에어로졸(먼지, 연기, 안개 등) 이동하기
9. 혼합물 만들기
10. 혼합물 분리하기
11. 대상물의 위치 안정화
12. 힘을 만들거나 다루기
13. 마찰력 변경
14. 대상물 깨뜨리기
15. 기계 및 열에너지의 저장
16. 기계, 열, 복사, 전기변형을 통해 에너지를 전달
17. 움직이는 대상물에 영향 미치기
18. 치수 측정하기
19. 치수 변화시키기
20. 표면 특성 및/또는 상태 검출하기
21. 표면 특성을 변화시키기
22. 부피 특성 및/또는 상태 검출하기
23. 부피 특성 변화시키기
24. 특정 구조를 만들거나 안정화하기
25. 전기장 및 자기장 검출하기
26. 복사에너지 검출하기
27. 전자기 복사선 만들기
28. 전자기장 제어하기
29. 빛, 광변조 제어하기
30. 화학 반응의 개시 및 강화

<표 3.2> 과학적 효과 중 일부 예시

필요한 효과 또는 특성	필요한 효과나 특성을 제공하는 물리적 현상과 과학적 효과
온도 측정	열팽창과 그것이 자연주파수에 미치는 영향 열전현상 복사 스펙트럼 물질의 광학적, 전기적, 자기적 특성 변화 퀴리점 이상에서의 전이 홉킨스 효과, 바크하우젠 효과, 제백 효과(Hopkins, Barkhausen and Seebeck effects)
온도 낮추기	상전이 줄 톰슨 효과(Joule-Thomson effect) 랑크 효과(Ranque effect) 자기 열량 효과 열전 현상
:	:

참고로 과학적 효과와 관련해서 개발된 소프트웨어와 온라인 도구들은 다음과 같다.

- http://www.triz.co.uk, Triz Effects Database
- Software Invention Machine Inc. : TechOptimizer/Goldfire Innovator
- http://function.creax.com, Function Database Creax

사례

상황설명	기능 모델링	효과
어떻게 용암의 온도를 측정할까?	? → 측정 → 용암 용암 → 고온(용융) ✕ → ? 검색어: Measure Temperature	

문제해결 과정

- 단계1. 문제의 정의

용암의 온도를 측정해야 한다. 하지만 일반적인 온도계 사용 시 온도측정 전에 온도계가 녹아서 정확한 측정이 어렵다.

→ 온도계의 손상없이 어떻게 용암의 온도를 측정할 수 있을까?

- 단계2. 과학적 효과 데이터베이스 검색

http://www.triz.co.uk, Triz Effects Database에서 파라미터(Parameter) 검색 조건을 선택하고, 측정(Measure), 온도(Temperature)로 검색한다.

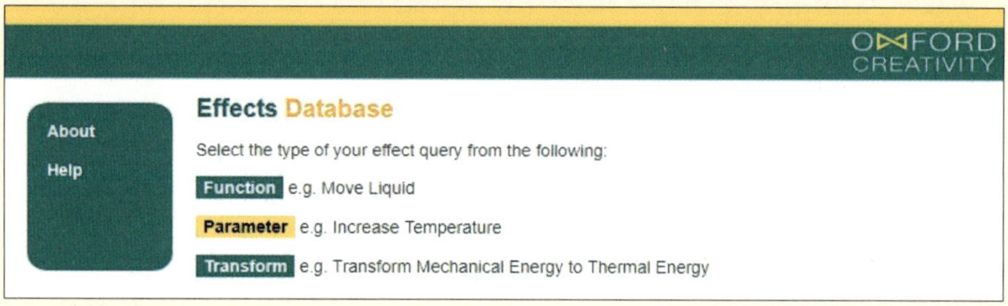
OXFORD CREATIVITY
About
Help
Effects Database
Select the type of your effect query from the following:
Function e.g. Move Liquid
Parameter e.g. Increase Temperature
Transform e.g. Transform Mechanical Energy to Thermal Energy

OXFORD CREATIVITY
Start Again
Help
Resuts Type
Effect
Application
Both
Parameter Query
Select an Operation and the Parameter on which the Operation is to be performed.
Then click on the Submit Query button.
Operation
Change
Decrease
Increase
Measure
Stabilise
Parameter
Brightness
Colour
Concentration
Density
Drag
Electrical Conductivity
Energy
Fluid Flow
Force
Frequency
Friction
Hardness
Heat Conduction
Homogeneity
Humidity
Length
Magnetic Properties
Orientation
Polarisation
Porosity
Position
Power
Pressure
Purity
Rigidity
Shape
Sound
Speed
Strength
Surface Area
Surface Finish
Temperature
Time
Translucency
Viscosity
Volume
Weight
Submit Query

■ 단계3. 적절한 효과 검토 및 선택

검색된 효과 및 효과의 간략한 설명을 통해 문제해결에 적용 할 수 있는 효과를 확인한다. 필요시 효과명을 클릭하여 보다 자세한 설명 및 이론, 원리를 확인하여 적용한다.

다음은 효과 검색 결과이다.

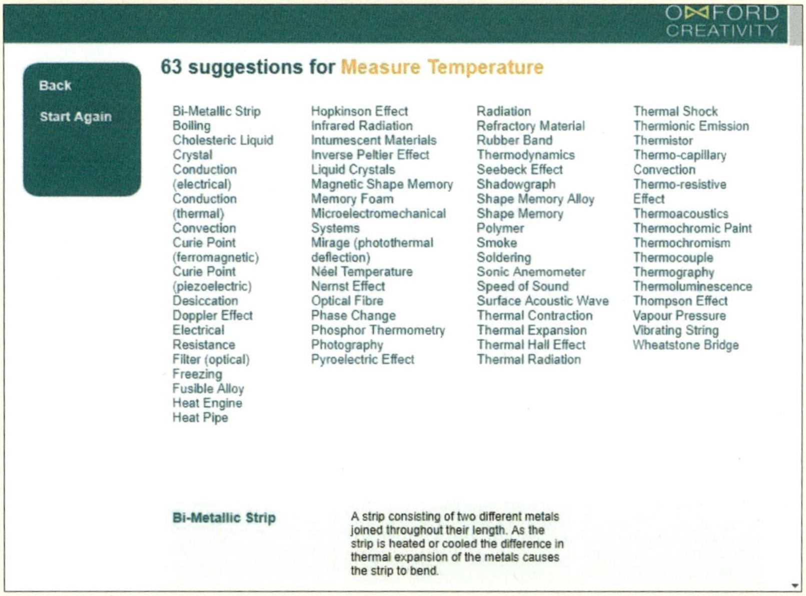

제시된 효과 및 물리 현상이 63개나 된다. 문제의 정의에서 온도계 손상이 없어야 한다고 했으므로, 아마도 비접촉식이어야 하지만 제시된 물리현상이 너무 많으므로 쉽게 선택이 어렵다. 효과명을 선택해서 조사하다 보면 Infrared Radiation(적외선)이 보인다.

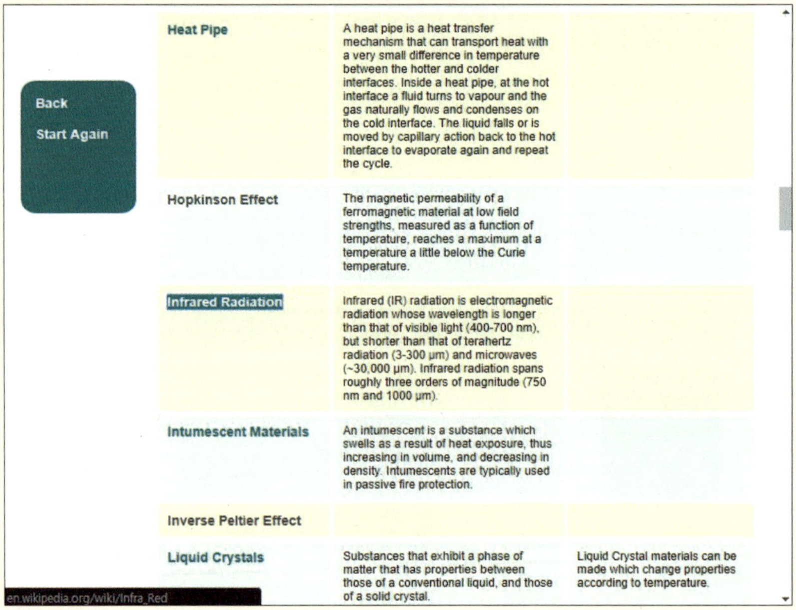

Back
Start Again

Heat Pipe	A heat pipe is a heat transfer mechanism that can transport heat with a very small difference in temperature between the hotter and colder interfaces. Inside a heat pipe, at the hot interface a fluid turns to vapour and the gas naturally flows and condenses on the cold interface. The liquid falls or is moved by capillary action back to the hot interface to evaporate again and repeat the cycle.	
Hopkinson Effect	The magnetic permeability of a ferromagnetic material at low field strengths, measured as a function of temperature, reaches a maximum at a temperature a little below the Curie temperature.	
Infrared Radiation	Infrared (IR) radiation is electromagnetic radiation whose wavelength is longer than that of visible light (400-700 nm), but shorter than that of terahertz radiation (3-300 µm) and microwaves (~30,000 µm). Infrared radiation spans roughly three orders of magnitude (750 nm and 1000 µm).	
Intumescent Materials	An intumescent is a substance which swells as a result of heat exposure, thus increasing in volume, and decreasing in density. Intumescents are typically used in passive fire protection.	
Inverse Peltier Effect		
Liquid Crystals	Substances that exhibit a phase of matter that has properties between those of a conventional liquid, and those of a solid crystal.	Liquid Crystal materials can be made which change properties according to temperature.

en.wikipedia.org/wiki/Infra_Red

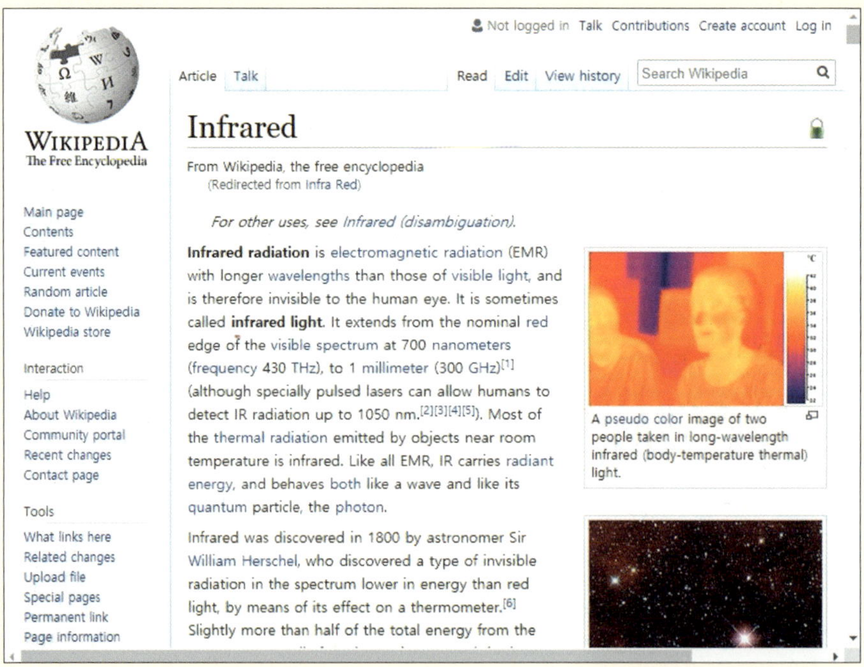

Not logged in Talk Contributions Create account Log in

Article Talk Read Edit View history Search Wikipedia

WIKIPEDIA
The Free Encyclopedia

Main page
Contents
Featured content
Current events
Random article
Donate to Wikipedia
Wikipedia store

Interaction

Help
About Wikipedia
Community portal
Recent changes
Contact page

Tools

What links here
Related changes
Upload file
Special pages
Permanent link
Page information

Infrared

From Wikipedia, the free encyclopedia
(Redirected from Infra Red)

For other uses, see Infrared (disambiguation).

Infrared radiation is electromagnetic radiation (EMR) with longer wavelengths than those of visible light, and is therefore invisible to the human eye. It is sometimes called **infrared light**. It extends from the nominal red edge of the visible spectrum at 700 nanometers (frequency 430 THz), to 1 millimeter (300 GHz)[1] (although specially pulsed lasers can allow humans to detect IR radiation up to 1050 nm.[2][3][4][5]). Most of the thermal radiation emitted by objects near room temperature is infrared. Like all EMR, IR carries radiant energy, and behaves both like a wave and like its quantum particle, the photon.

A pseudo color image of two people taken in long-wavelength infrared (body-temperature thermal) light.

Infrared was discovered in 1800 by astronomer Sir William Herschel, who discovered a type of invisible radiation in the spectrum lower in energy than red light, by means of its effect on a thermometer.[6] Slightly more than half of the total energy from the

검토 결과 용암의 온도를 측정하기 위해 직접 접촉하지 않고 고온의 물체로부터 발생하는 적외선을 측정하여 온도를 확인할 수 있음을 알게 된다. 문제 상황에 적용할 수 있을 만큼 정밀한 측정이 가능하며 측정 시 온도측정 도구가 녹지 않는다.

- 단계4. 해결책 제시

상황설명	기능 모델링	효과
어떻게 용암의 온도를 측정할까?	? → 측정 → 용암 고온(용융) 검색어: Measure Temperature	Infrared Radiation (적외선): 비접촉식 온도 측정

이 방법만이 유일한 정답은 아닐 것이다. 제시된 물리현상을 충분히 이해한다면, 우리는 63가지 물리현상 중에 좀 더 스마트한 방법을 찾을 수 있지 않을까? 일반검색이 아니라 트리즈 과학적 효과 데이터베이스 검색은 이렇게 우리의 탐색 영역을 확실하게 줄여준다.

생각해보기 08

http://www.triz.co.uk, Triz Effects Database를 사용해서 필요한 효과에 대한 적절한 과학적 물리현상을 제시해보자.

상황설명	기능 모델링	효과
어떻게 섞여 있는 기체를 분리할까?	? → 분리 → 혼합 기체 제어불가 검색어: Separate Gas	
어떻게 운동에너지를 전자기에너지로 변환할까?	운동 에너지 → 변환 → 전자기 에너지 검색어: Transforming Kinetic energy to Electromagnetic energy	

(3) 생체모방공학(Biomimetics)

생물은 가장 효율적인 방법으로 환경에 적응하도록 진화해왔기 때문에 생물이 하는 방법을 따라 하는 것이 좋을 때가 많다. 이것이 바이오미메틱스(biomimetics)라 불리는 생체모방공학이 주목받는 이유이다. 생체모방공학은 생물의 구조나 기능을 공학적으로 활용하는 분야이다. 우리 주변 생물을 주의깊게 관찰하면 인류가 얻을 수 있는 공학적 활용분야가 무궁무진하게 숨어 있다.

동일한 문제에 대해서 자연은 항상 먼저 문제를 해결한다. 그리고 자연이라는 특허 자원은 고갈될 일도 없고, 로열티를 요구하지도 않는다.

예를 들어, 미국의 노스웨스턴대(Northwestern University)의 의용공학과 필립 메셀스미스(Phillip B. Messersmith) 교수와 그의 연구진[생의학공학과 박사과정 이해신(李海臣·33) 연구원]은 도마뱀붙이(gecko)의 접착력과 물속에서도 접착력이 우수한 홍합(mussel)에서 아이디어를 얻어 접착력이 우수한 새로운 물질을 제조해 내는 데 성공했다(2007년 7월 20일)[12]. 다른 사례로 사막주행용 소형차의 새 타이어는 낙타발의 압력분포로 광디스크 저장시스템의 성능향상은 나방 눈의 구조로, 비행기의 구조물에서 나오는 와동잡음 저감은 올빼미의 비행실험으로 해결될 수 있다.

트리즈 창시자 알트슐러는 '자연특허'에 접근하는 두 가지 방향을 제시하였다. 먼저 고대 동물 중에서 원형을 찾는 것이다. 그 다음 '자연특허' 진화의 일반적인 경향을 조사한다. 예를 들어 새로운 절삭도구의 개발하기를 원한다면, 자연사 박물관에 전시되어 있는 공룡, 코끼리 화석 이빨을 연구하면 될 것이다[13]

우리는 당면한 문제에 대해서 항상 '자연에서는 이런 문제가 어떻게 해결되었는가?'라는 질문을 던져보는 습관이 필요하다.

그림 3.19를 보고 무엇을 모방할 수 있고, 무엇이 모방되었는지 생각해 보자.

표 3.3에 생체모방공학을 통한 기술적 개념/제품들을 추가로 나열하였다.

12) http://faculty.mccormick.northwestern.edu/phillip-messersmith/
13) 겐리흐 알트슐러 저, 박성균 역, 2011, 새로운 방식의 트리즈, 12장

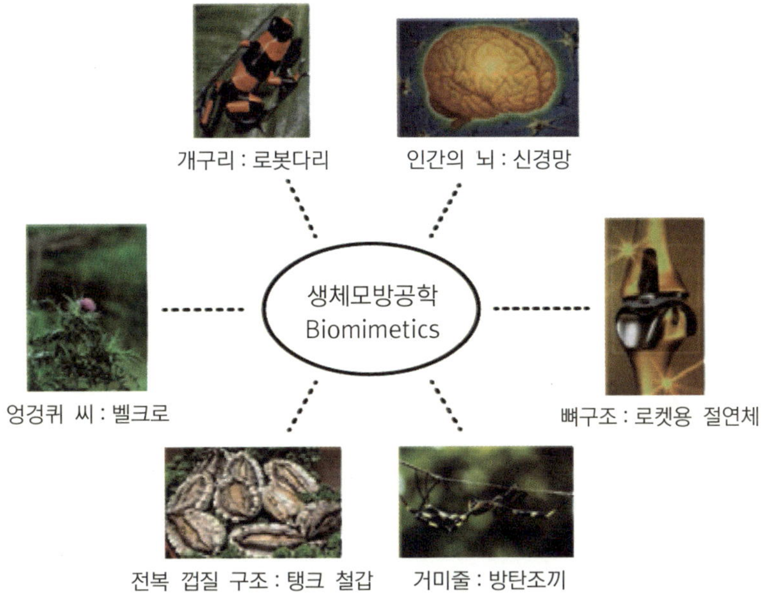

[그림 3.19] 생체모방공학의 사례

<표 3.3> 생체모방공학을 통한 기술적 개념/제품들

자연 현상	기술적 개념/제품
오리의 깃털 기름	내습유제
대나무, 뼈	관 구조
뼈에 연결된 근육	지레의 받침점
끈끈이주걱(파리지옥풀)	유인 장치
피부 표면의 증발	냉각
오징어 흡관	제트 추진
심장	압착 펌프
새의 다리, 발톱	안으로 집어넣을 수 있는 착륙장치
딱정벌레 눈	비행기 고도와 대지속도 감지기
방울뱀	열 감지기
인간의 뇌	인공지능망(신경망)
꿀벌	저장 용기

(4) 물질-장 분석과 표준해[14)]

1) 물질-장 분석

물질-장(Su-Field) 분석은 기술 시스템의 구성요소와 그들간의 상호작용의 용어로 기술시스템의 거동을 표현하는 트리즈 모델링 기법 중 하나이다. 표준해(또는 표준 해결책) 분석은 기술시스템의 해결책으로써 물질-장 모델의 합성과 전이를 위한 일종의 처방 시스템이다.

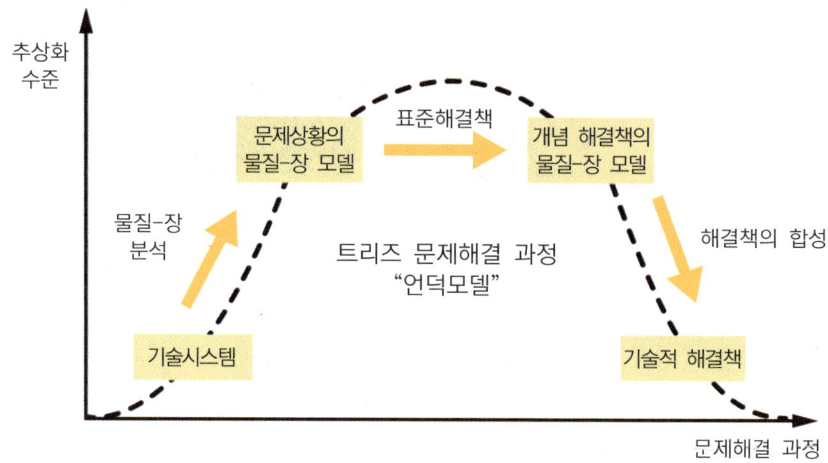

[그림 3.20] 트리즈 문제해결 과정의 '언덕 모델', 물질-장 모델링과 표준해의 역할
출처 : www. tetris-project.org, 4. Su-field analysis and standard solution

기술시스템 구성요소, 도구와 대상 사이의 상호작용은 에너지의 생성, 흡수 또는 전달에 의해서 수행된다. 그래서 도구, 대상, 그리고 상호작용 에너지는 최소한 하나의 기능을 수행하는 최소 기술 시스템 모델을 세우는 데 필요충분조건이다(그림 3.21). 효과적으로 기능을 수행하기 위해서는 이러한 세 요소와 그들 사이의 상호작용이 필요하다. 트리즈는 '대상 - 도구 - 에너지' 3요소를 물질과 장이라는 용어로 설명한다.

14) 본 내용은 창의성 공학의 길잡이(Victor Fey, Eugene Rivin저, 박성균 역, GS 인터비전) Chapter 3.을 요약한 것임.

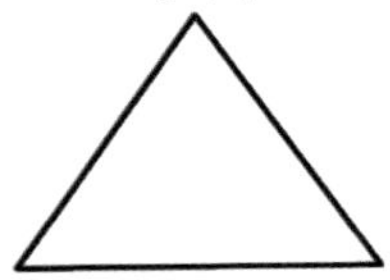

[그림 3.21] 최소 기술 시스템의 요소들

'물질'이라는 용어는 약간 넓은 의미를 갖는다. 종종, 물질은 복잡성 정도가 다른, 예를 들어 못, 키보드, 배 등과 같은 기술 시스템이다.

'장'이라는 용어는 두 물질 사이에 상호작용을 위해 필요한 에너지와 관련이 있다. 현대 물리학은 4개의 기본 장을 밝혀냈다.

- 중력장(두 개 이상의 물질 사이의 작용)
- 전자기장(원자와 분자를 함께 붙들어 두는, 전기와 자기 효과를 일으킴)
- 약한 핵장(방사선 붕괴를 일으킴)
- 강한 핵장(원자핵을 붙들어 두는 일을 함)

그러나 이 분류는 개념설계 문제를 해결할 때 항상 충분하지 못하다. 트리즈에서 장의 의미는 완전히 다르고, 그것이 우리에게 여러 상호작용 사이를 편리하게 구별하게 해 준다. 트리즈는 기계장, 열장, 전기장, 자기장, 화학장과 같은 공학장을 장으로 다룬다. 항상 물질이 일으키는 이러한 장들은 수많은 물리와 화학 현상을 통해 분명해진다. 그 중 일부를 표 3.4에 나열하였다. MATChEMEmIB는 Mechanical(기계장), Acoustic(소리장), Thermal(열장), Chemical(화학장), Electric(전기장), Magnetic(자기장), Electromagnetic(전자기장), Intermolecular(나노), Biological(바이오)의 두문자이다. 고전적 트리즈에서는 MATChEMEm만 있었으나, 벨스키(Belski)에 의해서 나노, 바이오가 추가되었다. 장은 기계장에서, 소리장으로, 마지막으로 바이오로 발전한다고 알려져 있다.

<표 3.4> 트리즈에서 사용되는 장, MATChEMEmIB 12)[15]

장의 종류	예시(포함하는 상호작용 및 물질)
Mechanical(기계)	중력, 충돌, 마찰, 접촉, 진동, 공진, 충격, 파동, 가스/액체 역학, 바람, 압축, 진공, 기계적 취급 및 처리 변형, 혼합, 첨가제, 폭발
Acoustic(소리)	사운드, 초음파, 초저주파, 캐비테이션
Thermal(열)	가열, 냉각, 절연, 열팽창, 상변이, 발열/흡열 반응, 화염, 연소, 복사열, 대류
Chemical(화학)	반응, 반응물질, 요소, 화합물, 촉매, 억제제, 지시약(pH), 용해, 결정화, 중합, 냄새, 맛, 색상변화, pH 변화
Electric(전기)	정전기, 전도체, 절연체, 전기장, 전류, 초전도, 전기분해, 압전, 이온화, 전기방전, 스파크
Magnetic(자기)	자기장, 에너지를 가진 기본입자, 유도,
Electromagnetic(전자기)	전자기파(X-레이, 극초단파등), 광학, 영상, 색상/투명도 변화, 이미지
Intermolecular(나노)	나노입자, 모세관, 기공, 핵반응, 복사, 융합, 방사, 레이저, 분자간력, 표면효과, 증발
Biological(바이오)	미생물, 박테리아, 유기체, 식물, 균류, 세포, 효소

대상 물질은 S_1로, 도구 물질은 S_2로, 장은 F로 나타낸다. 두 개의 물질 S_1, S_2와 상호작용 장 F로 구성되는 물질과 장 구조를 물질-장이라 한다(그림3.22).

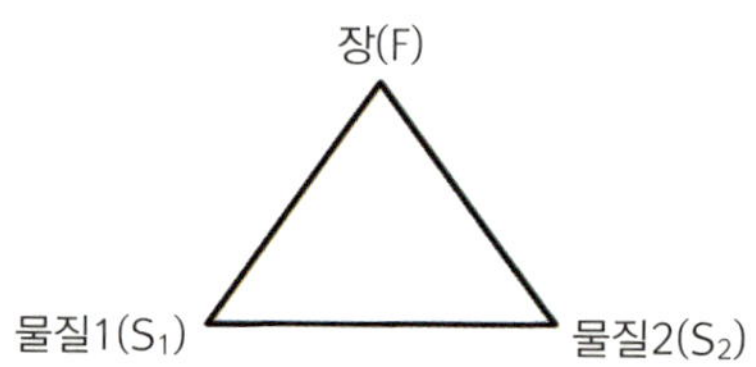

[그림 3.22] 가장 간단한 완전한 물질-장 구조

물질 - 장 분석에서 사용하는 기호와 선을 표 3.5에 나타내었고 표 3.6에서는 상호작용의 종류와 물질-장 표현 예시를 들어보였다.

15) Improve Your Thinking(Belski, TRIZ4U, 2007), p17

<표 3.5> 물질 - 장 기호

물질-장 기호	설명
△	물질-장
——	일반적인 작용
⟶	구체적인 작용
-·-·-·-▶	불충분한 작용
—×—▶	해로운 작용(∿∿∿→)
⇨	초기 물질-장 구조에서 바람직한 구조로 전이
→ F	물질이 일으킨 장
F →	물질에 작용하는 장
F'	수정된 장
S'	수정된 물질
(S_1S_2)	결합된 물질(예를 들어, 바이메탈)

<표 3.6> 상호작용의 종류와 물질-장 표현 예시

상호작용의 종류	물질-장 표현
유용한 작용	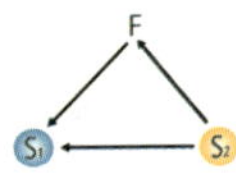
해로운 작용	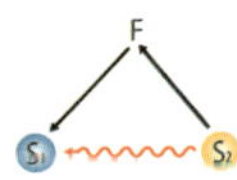
유용한 불충분한 작용 제어가 안되는 작용	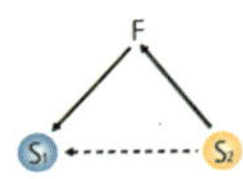
없는 작용(있어야 하지만)	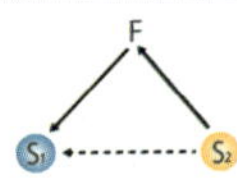
과도한 작용 불필요한 초과 작용	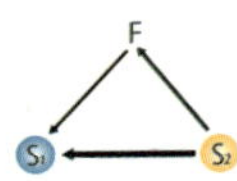

출처 : www. tetris-project.org, 4. Su-field analysis and standard solution

물질이 장을 일으킬 수 있고(그림 3.23a), 장이 물질에 작용할 수 있으며(그림 3.23b), 물질이 어떤 장을 다른 장으로 변환할 수 있다(그림 3.23c).

물질-장에서 물질은 장을 경유해서 다른 물질과 상호작용한다. 이러한 상호작용은 정확한 물질-장 묘사로 표현되어야 한다(그림 3.24).

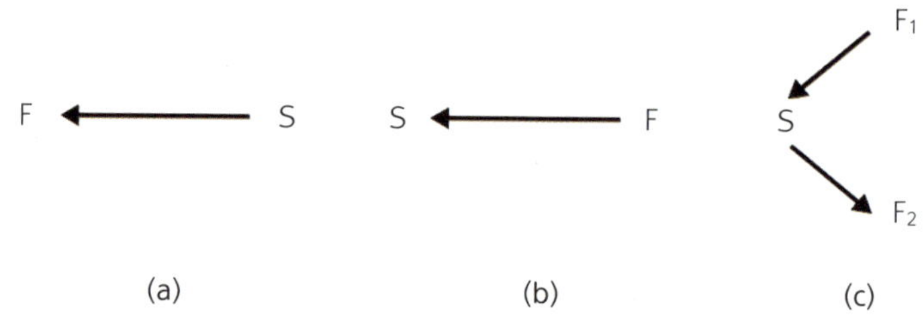

[그림 3.23] 장과 물질 사이에 가능한 상호작용

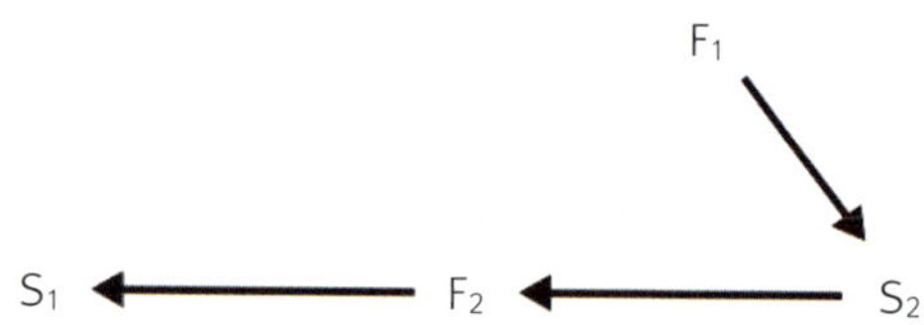

[그림 3.24] 장을 경유해서 상호작용하는 물질

이 도식은 나음과 같이 읽는다. 장 F_1이 S_2에 작용하고, S_2가 장 F_1을 장 F_2로 변환하여, 변환된 F_2가 S_1에 작용한다. 장 F_2는 F_1과 특성이 동일할 수도, 다를 수도 있다.

예를 들어, '망치가 벽에 못을 박는' 시스템을 물질-장으로 표현하면 그림 3.25와 같다. 여기서 $F_{기계}$가 망치 S_2에 작용되는 기계장이고, 망치 S_2가 일으키는 $F_{기계}$가 못 S_1에 작용한다.

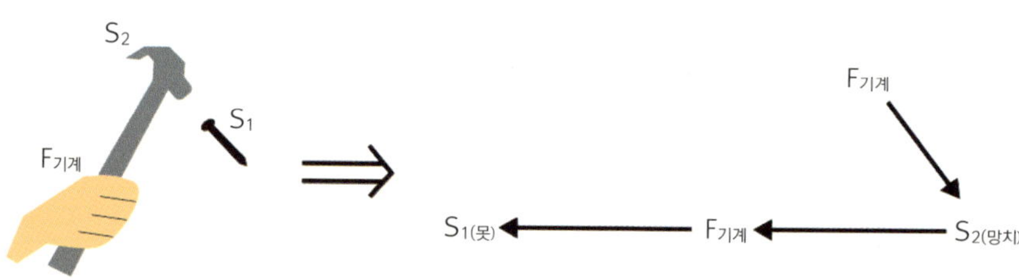

[그림 3.25] '망치가 벽에 못을 박는' 시스템의 물질-장 모델

가장 흥미로운 설계 해결책은 일반적으로 입력장을 다른 특성의 장으로 변환하는 경우이다(예를 들어 열장을 기계장으로, 기계장을 자기장으로 등).

간혹 물질-장 모델에서 도구 S_2를 알아내기가 쉽지 않다. 이것은 보통 S_2가 S_1 안에 숨어 있을 때 일어난다. 예를 들면, S_1의 부분이 대상 S_1의 입자 수준에서 작용하는 경우가 이에 해당한다.

금속 부품의 유도가열을 그림 3.26과 같이 모델링할 수 있다: 고주파 전자기장이 직접적으로 부품을 가열한다.

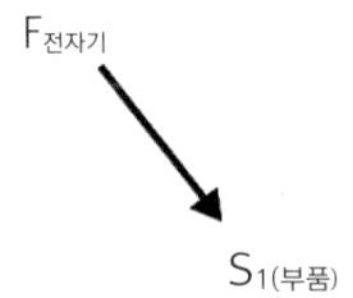

[그림 3.26] 두 개의 요소를 갖는 유도가열 과정의 물질-장 모델링

그러나 유도가열의 물리적 메커니즘을 좀 더 철저히 분석하면, 부품 내에 중간 구조, 즉 자유전자 집단이 나타난다. 전자기장에 의한 이러한 전자의 격렬한 운동이 전체 부품을 가열한다. 이 과정을 그림 3.27의 물질-장 3요소로 모델링 할 수 있다.

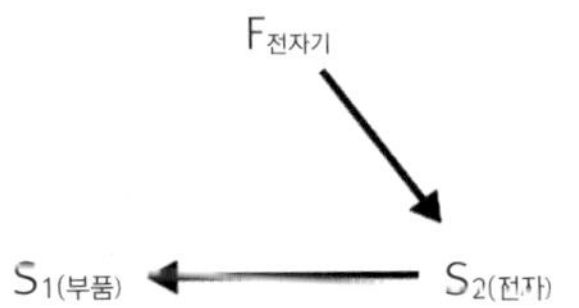

[그림 3.27] 세 개의 요소를 갖는 유도가열 과정의 물질-장 모델링

물리효과(넓은 의미로 과학적 효과)의 일반적인 모델을 물질-장 모델로 표현하면 그림 3.28과 같다. 이것은 입력장 $F_{입력}$을 출력장 $F_{출력}$으로 변환하는 하나 이상의 물질을 포함한다. $F_{입력}$에 의해 물질의 파라미터 P(예 : 모양, 크기, 마찰계수, 자기 투과성, 굴절률, 밀도, 공간 위치 등)가 바뀔 수 있다. 모델은 입력장 $F_{입력}$의 작용을 조정(키우고, 누르고, 켜고/끄고 등)할 수 있는 제어장 $F_{제어}$를 포함한다.

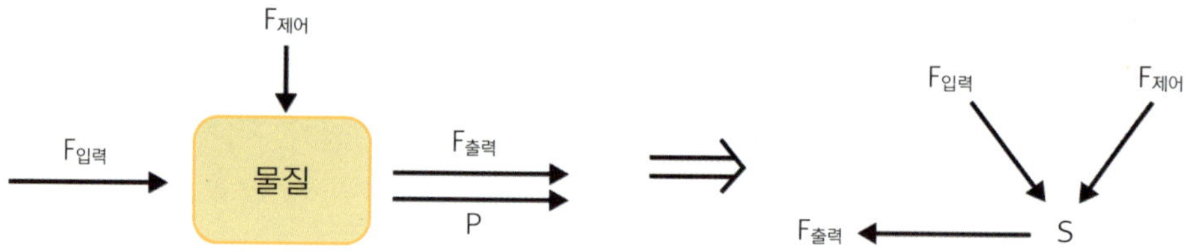

[그림 3.28] 물리효과의 일반적인 물질-장 모델

열팽창 효과(온도의 변화 결과로 재료 크기의 변화)에 대한 물질-장을 모델링 하면, 그림 3.29와 같다.

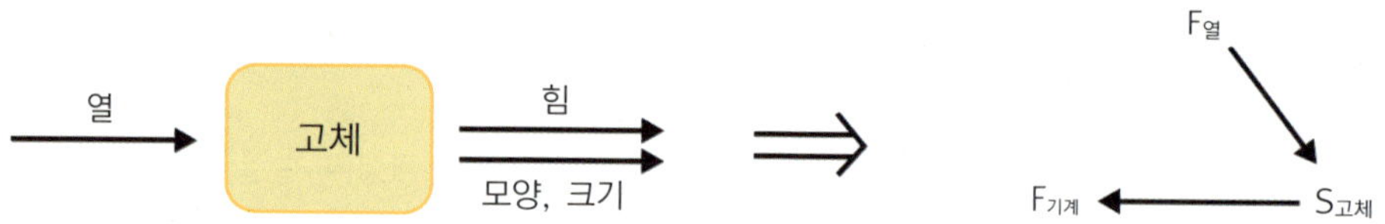

[그림 3.29] 열팽창 효과의 물질-장 모델

압전 효과(piezoelectricity)를 물질-장으로 모델링하면 그림 3.30과 같다. 일부 결정체는 기계적 응력 하에서 전압을 발생시키는 능력이 있다. 이 효과는 담배용 전기 라이터와 가스 석쇠용 점화장치에 사용된다. 단추를 눌러 전기변형 결정을 압착하면 고전압이 발생하고, 이것이 가스에 불을 붙인다. 이것은 또한 압전 마이크, 부하 감지기 등 많은 응용분야에 사용된다. 이 효과는 가역적이므로 전기변형 결정이 외부에서 전기장을 받으면 모양을 변경한다.

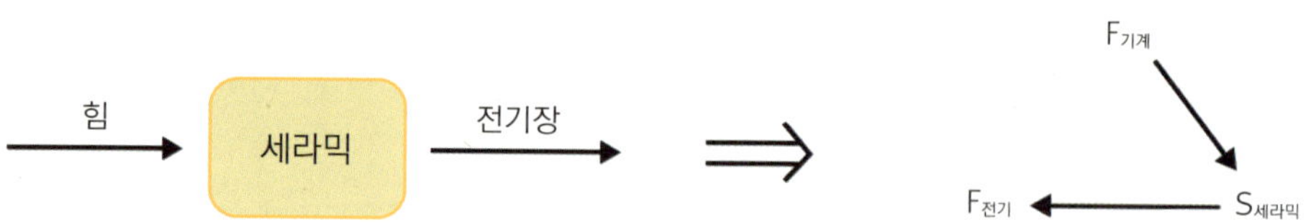

[그림 3.30] 압전효과의 물질-장 모델

자기변형(Magnetostriction)(그림 3.31)은 자기장에 의해 기하학적 크기를 바꾸는 강자성 물질의 특성이다. 역으로, 강자성 물질이 기계 응력을 받으면, 그 자화 특성을 변경한다. 이 효과는 여러 가지 작동 장치(예: 초음파 발생기)와 감지기에 사용된다.

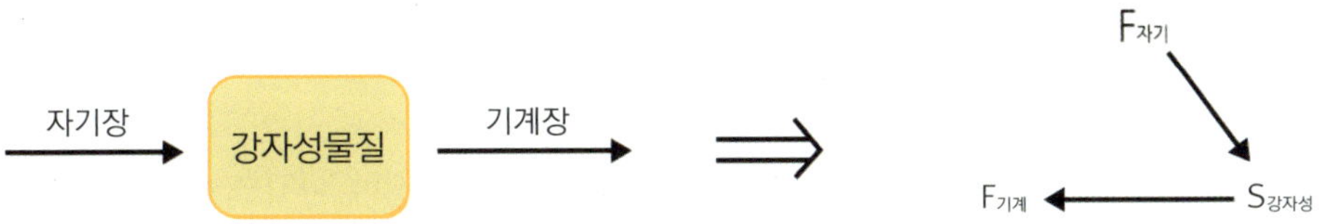

[그림 3.31] 자기변형 효과의 물질-장 모델

두 개의 미끄럼 부품 사이에 접촉 마찰(그림 3.32)은 초음파 진동 하에서 줄어든다. 이 효과는 끌거나, 굴리는 공정 및 여러 금속 제조 공정에서 부하를 줄이는 데 사용된다.

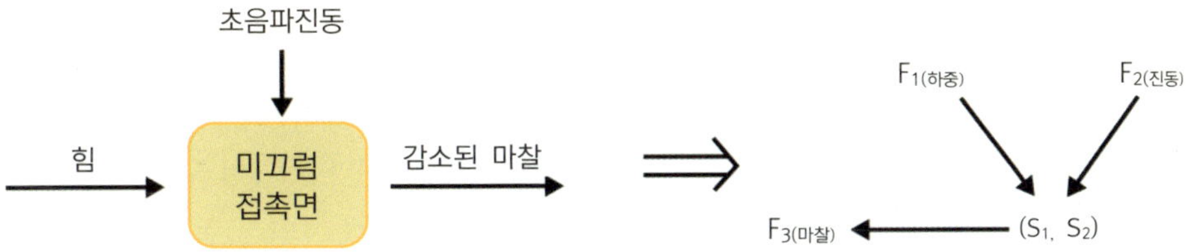

[그림 3.32] 초음파 내에서 마찰력 감소의 물질-장 모델

개별 물리효과는 예상할 수 있는 바와 같이 그림 3.33과 같은 사슬을 형성할 수 있다. 예로써 이 사슬은 금속 부품의 열 유도 변형을 측정하거나 검출하는데 사용될 수 있다.

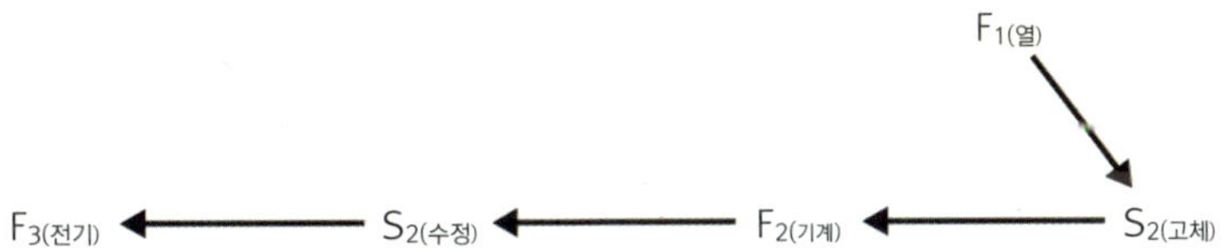

[그림 3.33] 복합 물리효과(열팽창+압전)

문헌에 알려진 과학적 효과(scientific effect)가 9,000여개 이상 있으며, 새로운 많은 효과들이 끊임없이 발견되고 있다.

사례

파리를 잡는 문제를 생각해 보자.

▪ 단계1. 문제의 모델링 : 대상은 파리이고, 도구와 장이 아직 없으므로 새로이 도구와 장을 도입해서 물질-장을 완성해야 한다.

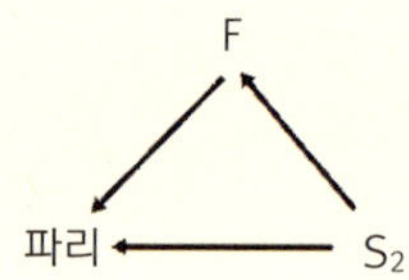

▪ 단계2. 다수의 해결안 도출

본 사례의 파리잡는 새로운 도구를 개발하기 위해서 앞에서 제시한 표 3.4 MATChEMEmIB를 전개시켜 얻은 아이디어를 그림으로 나타내면 다음과 같다.

파리채는 어때요?

깔끔하게 진공청소기로

총으로 쏴버릴까?

끈끈이를 이용해보자

바람으로 날려버리자

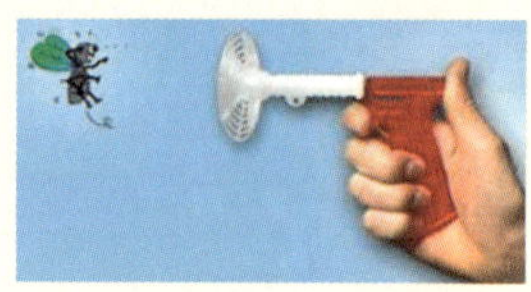

시판제품 : amazing flygun

전 음악을 싫어해요

파리약은 어때요?

얼리거나 가열해서 죽이는 것도 가능해!

결정화 가능한 액체로
덮어버리자

불로 다 태워버리면?

파리는 어둠을 싫어해서
그걸 피하려고 할거야

전자레인지로
구워버리자

거미의 식사거리로!

레이저건 어때요?

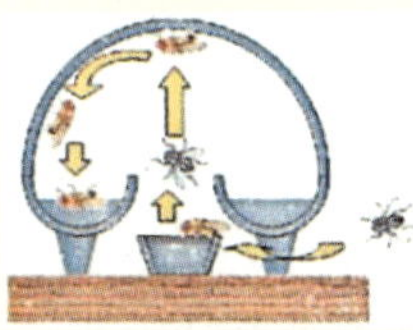

파리의 행동양식을
이용할 수도

유전적으로 변형된 파리는
인간을 귀찮게 하지 않을거야

좋은 해결책은 종종 우리 전공분야 밖에 숨어 있다

위의 그림이 설명하는 것처럼, MATChEMEmIB를 전개함으로써 우리의 전공분야 밖에 숨어있는 좋은 해결책을 탐색할 수 있다. 이 기법은 자신의 전문 지식이라는 상자에 갇혀서 상자 밖을 보지 못하는 심리적 관성을 극복하게 해주는 도구이다.

2) 표준해

알트슐러는 물질-장 분석을 기반으로 문제의 유형을 분석하였고, 문제는 개선의 문제와 측정의 문제로 정의하였다. 또한 알트슐러는 개선과 측정의 문제를 물질-장 기반으로 더욱 세분화하여 총 76가지 표준해를 제시하였다.

표준해의 사용(그림 3.34)은 자유롭게 설명된 문제나 상황으로부터 초기 물질-장 모델(Initial Su-Field Model, ISM)을 추출하는 것으로 시작한다(문제에 대한 이해에 따라, 한 개 이상의 ISM을 만들 수 있다). 이 시점에서 다음을 확인해야 한다.

- 기능(수행해야 할 물리적 작용)
- 대상 S_1
- 도구 S_2(만약 있다면)
- 장 F(만약 있다면)
- S_1, S_2, F 사이에 상호작용

ISM을 세운 후에, 그것을 이용 가능한 전형적인 물질-장 모델과 연관 지어야 한다. 계속해서 이러한 물질-장 모델을 한 개 이상의 표준해과 관련지어야 한다. 표준해는 보다 진보된, 바람직한 물질-장 모델(Desirable Su-Field Model, DSM)로의 전이를 '처방'한다. 이것이 DSM의 물리적 구조와 각각의 개념설계 개발로 이어져야 한다.[16)]

16) '창의적 공학의 길잡이' 부록3은 알려진 모든 표준해(표준 시스템)의 표준해 사용 절차를 담고 있음.

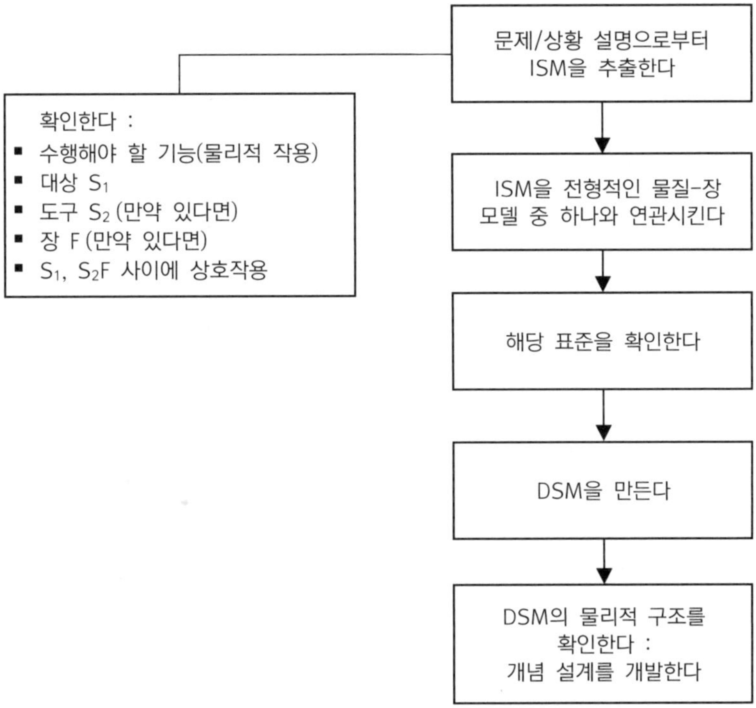

[그림 3.34] 표준해를 사용한 문제해결 과정

여기에서는 문제 해결 과정에서 자주 접하게 되는 전형적인 표준해 1.2.1과 표준해 1.2.2를 소개한다. 표준해 1.2.1은 두 물질 사이에 외부물질 도입이 가능한 경우이고, 표준해 1.2.2는 외부물질 도입이 불가능한 경우로, 이 두 표준해의 차이점을 생각하면서 다음 내용을 살펴보자.

■ 표준해 1.2.1

유용한 작용과 해로운 작용이 동시에 두 개의 물질 사이에 생기고, 외부 물질의 사용이 가능하다면, 제3의 물질을 두 물질 사이에 도입해야 한다(그림 3.35).

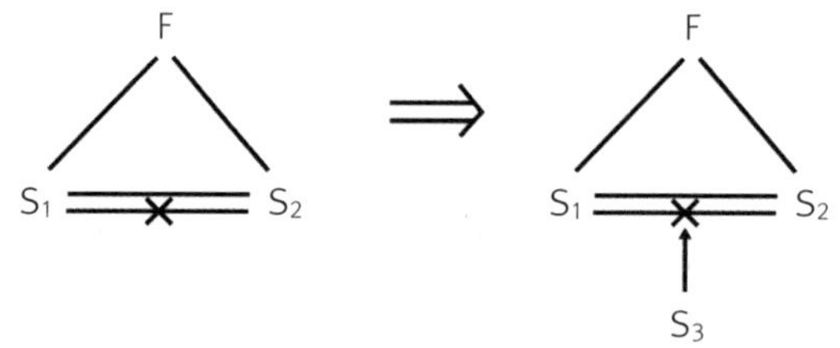

[그림 3.35] 분리 물질로 외부 물질의 도입

추가 물질은 가능한 한 값싸고, 우선적으로 즉시 이용 가능한 자원이어야 한다.

그러나 종종 '외래' 물질의 도입이 시스템을 매우 복잡하게 할 수 있다. 그래서 시스템 갈등이 생긴다: 해로운 작용을 깨기 위해서 제3의 물질을 도입해야 하지만, 이것이 시스템을 너무 복잡하게 할 수 있다.

이 시스템 갈등은 다음 표준해에 따라 원래 물질로부터 제3의 물질을 만듦으로써 해결될 수 있다.

■ 표준해 1.2.2

유용한 작용과 해로운 작용이 두 물질사이에 동시에 생기고, 외부 물질의 도입이 금지되어 있거나, 바람직하지 않다면, 내부 물질 중에서 적어도 하나를 변형한 제3의 물질을 두 물질 사이에 도입해야 한다(그림 3.36).

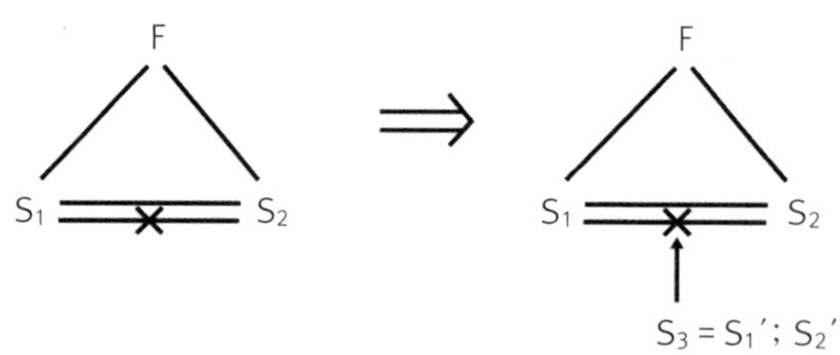

[그림 3.36] 추가된 물질 : 원래 물질의 변형물

변형된 물질(제3의 물질)을 만들기 위해서, 여러 가지 접근법을 사용할 수 있다. 이용 가능한 자원 물질의 응집 상태를 변경할 수 있다. 예를 들어 물로 얼음이나 증기를 만들 수 있으므로, 이것들은 물의 변형 물질이라 할 수 있다. 다른 방법은 기존 물질을 그 구성 요소로 분해하는 것이다(예, 물 분자를 산소와 수소 원자로 나누는 것). 또한 원래 물질의 물리적 상태를 바꿈으로써 변형 물질을 얻을 수 있다: 자화, 이온화, 정지 물체를 움직이게 하거나 움직이는 물체를 정지시키는 것, 온도를 변경하는 것, 원래 두 물질을 결합시키는 것 등이 이에 해당한다.

생각해보기 09

1. 파리잡는 문제 해결사례(p.88)에서 제시된 아이디어들을 살펴보고 각 아이디어에 사용된 장을 작성해보자.

제시된 아이디어	사용 장
파리채는 어때요?	
깔끔하게 진공청소기로	
총으로 쏴버릴까?	
끈끈이를 이용해보자	
바람으로 날려버리자	
amazing flygun	
전 음악을 싫어해요	
파리약은 어때요?	
얼리거나 가열해서 죽이는 것도 가능해!	
결정화 가능한 액체로 덮어 버리자	
불로 다 태워버리면?	
파리는 이둠을 싫어해서 그걸 피하려고 할거야	
전자레인지로 구워버리자	
거미의 식사거리로!	
레이저건 어때요?	
파리의 행동양식을 이용할 수도	
유전적으로 변형된 파리는 인간을 귀찮게 하지 않을거야	

2. 널려있는 금속 분발은 자석으로 모으면 편리하다. 하지만 자석에 붙은 금속 분말을 떼어내기가 어렵다. 테이프를 이용할 수 있지만 효과적이지 못하고 성가신 일이다. 다른 해결 방법은 무엇이 있을까?

3. 다음 문제상황을 파악하고, 물질-장을 활용해서 해결방법을 제시해보자.

어떤 공장에서 땅을 파던 작업자들이 파이프라인을 발견하였다.

"어느 방향으로 액체가 흐르고 있나요?"라고 그들이 물었다. 여러가지 방식으로 파이프를 두드려서, 소리를 들어 보았다. 그들은 흐름 방향을 알 수 없었다.

"파이프를 잘라야겠어요." 엔지니어가 말했다. "이것 외에는 우리가 할 수 있는 것이 아무것도 없군요."

이때 발명가가 나타났다. "왜 당신은 파이프를 잘라야 합니까?" "우리가 해야 하는 것은 물질-장 구성을 완성하는 것입니다. 두 개의 물질이 있습니다 : 파이프 S_1과 액체 S_2. 이제 장을 추가해야 합니다."

Hint : 파이프 S_1과 액체 S_2. 여기에 장을 추가해야 한다. 표 3.4에서 제시된 장의 종류를 살펴보자. 작업 현장에서 간단한 방법으로 액체의 흐름 방향을 알아야 함으로 화학, 전기, 자기, 전자기, 나노, 바이오는 배제시킨다.

CHAPTER 4.
트리즈 응용사례

CH.4 트리즈 응용사례

4.1 트리즈 적용 양식

(1) 문제 상황 분석

1) 문제정의 : 해결해야 하는 문제는 무엇인가?

문제 상황 설명 : ______________________________

문제 상황을 일으키는 대상물 : ____________________

유용한 결과가 나타나는 현상을 설명 : ____________________

원하지 않는 결과가 나타나는 현상을 설명 : ________________

2) 문제 분석

① 기능분석(도구, 작용, 대상물)

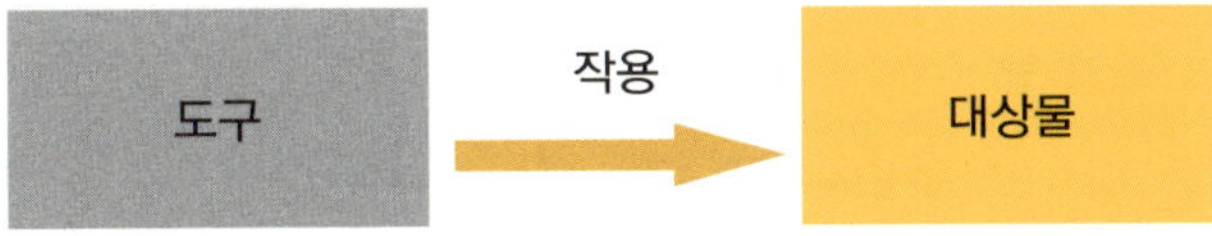

② 문제 원인 분석

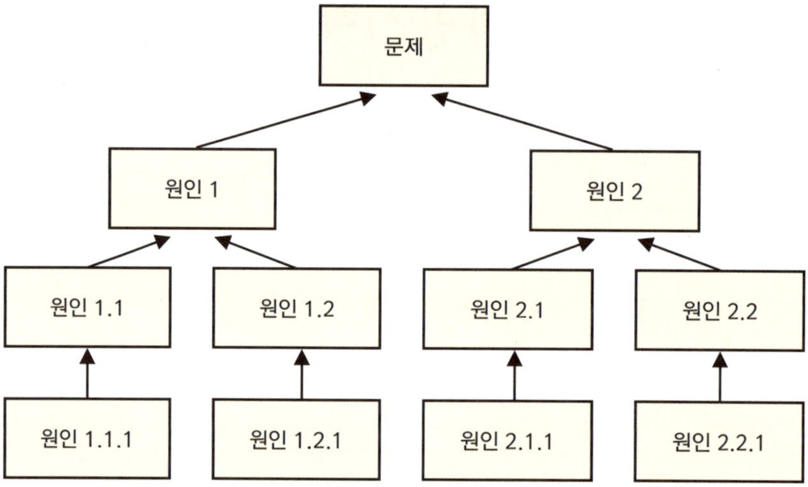

3) 이상성 설정 : 가장 이상적인 결과는 무엇인가?

4) 9윈도우즈 전개

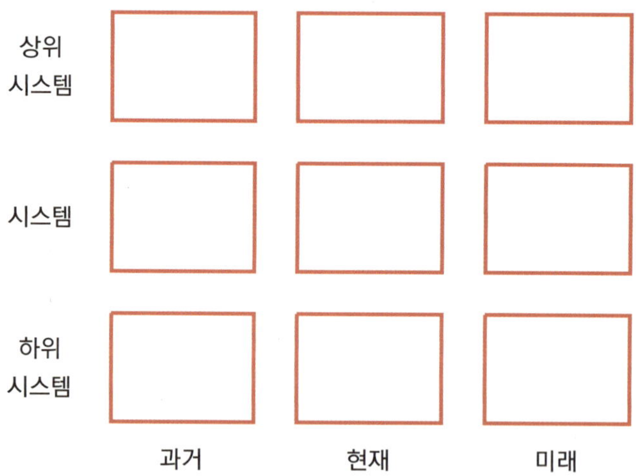

5) 자원분석 : 사용할 수 있는 자원은 무엇인가?

자원	상세 자원	제약조건
자연 또는 환경자원		
시간자원		
공간자원		
기능자원		
정보자원		
물질자원		
시스템자원		
장 자원		

(2) 문제 해결 과정

1) 기술적 모순 서술

---

* 모순 매트릭스를 이용한 방법은 p.54~p.56 사례를 통해 제시했으므로 본 양식에서는 40가지 발명원리를 직접 적용해 보도록 해보자.

2) 40가지 발명원리를 통한 해결안 : 적용할 수 있는 발명원리는 무엇이고, 도출된 해결안은 무엇인가?

해결안번호	발명원리 번호	이름	발명안
1			
2			
3			
4			
. . .			

3) 물리적 모순 서술

____

4) 분리의 원리를 적용한 해결안 (단, 가능한 분리원리를 활용)

시간의 분리: ______________________________

공간의 분리: ______________________________

시스템 수준으로 분리: ______________________________

조건으로/관계로 분리: ______________________________

(3) 해결안 확인

1) 최종 해결안 : 가장 적합한 해결안은 무엇인가?

최종 해결안 판단 기준: 다음의 판단 기준을 참조

① 해로운 특성이 사라지는가?	⑤ 주요한 물리적 모순이 해결되는가?
② 유용한 특성이 유지되는가? 새로운 이득이 나타나는가?	⑥ 과거에 무시된, 쉽게 이용 가능한 유휴자원이 사용되는가?
③ 해로운 특성이 새롭게 나타나는가?	⑦ 기타 : 실행에 옮기기 쉬운가?
④ 시스템이 더욱 복잡해지는가?	

선정된 최종 해결안: ______________________

2) 해결안 평가 : 전체 시스템 안에서 해결안은 어떠한 역할을 하는가?

해결안이 적용된 상황 설명: ______________________________________

3) 기타 효과 평가 : 최종 해결안으로 인한 효과들은 무엇이 있는가?

이로운 효과: ______________________________________

해로운 효과: ______________________________________

4.2 양식 적용 사례

(1) 문제 상황 분석

1) 문제정의 : 해결해야 하는 문제는 무엇인가?

문제 상황 설명 : 화장실에서 미끄러지는 사고가 발생함. 화장실을 이용 중에 바닥에 고인 물 또는 비눗물에 의해 사람이 넘어져 크게 다치는 상황

- 문제 상황을 일으키는 대상물: 물

- 유용한 결과가 나타나는 현상을 설명 : 세정제와 물을 이용하여 몸을 씻는다. 이후 물은 하수구로 빠져나간다.
- 원하지 않는 결과가 나타나는 현상을 설명 : 씻는 중에 바닥에 물과 비눗물이 고이게 된다.

2) 문제 분석 :

① 기능분석 (도구, 작용, 대상물)

② 문제 원인 분석 :

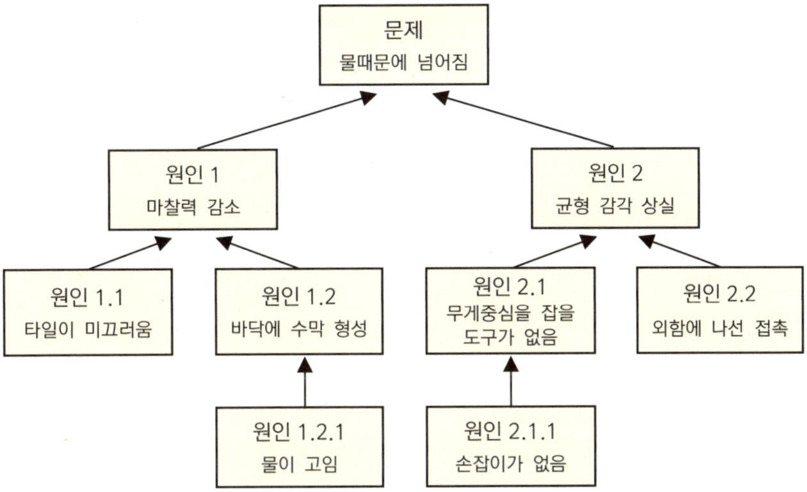

3) 이상성 설정 : 가장 이상적인 결과는 무엇인가?

물이 몸을 씻은 뒤, 스스로 순식간에 사라진다.

4) 9윈도우즈 전개

상위 시스템	판형의 종이	말려있는 종이	스스로 말려있는 종이
시스템	재단 공정	Core 부착 공정	부착 없는 공정
하위 시스템	종이	Core, Sheet, Glue	Core, Sheet
	과거	현재	미래

5) 자원분석 : 사용할 수 있는 자원은 무엇인가?

자원	상세 자원	제약조건
자연 또는 환경자원		
시간자원	물로 씻는 시간, 물이 고여있는 시간	
공간자원	화장실, 타일층, 회반죽층, 하수구 공간.	
기능자원		제작이 용이해야 한다.
정보자원		
물질자원	사람, 바닥 타일, 물, 비누, 회반죽, 하수구	물을 쓰지 않는 것은 고려하지 않는다.
시스템자원		사람에게 위험하면 안된다.
장 자원	중력장, 마찰력, 열(증발)	

(2) 문제 해결 과정

1) 모순 서술

① 만일 현재 시스템의 몸이 넘어진다 라는 부정적인 특성을 물을 제거한다 와(과) 같은 방법으로 감소시키면, 몸을 세척 와(과) 같은 긍정적인 특성이 악화될 것이다.

② 만일 현재 시스템의 몸을 씻는다 라는 긍정적인 특성을 물을 추가한다 와(과) 같은 방법으로 개선한다면, 몸이 넘어진다 와(과) 같은 부정적인 특성이 악화될 것이다.

* 모순 매트릭스를 이용한 방법은 p.54~p.56 사례를 통해 제시했으므로 본 양식에서는 40가지 발명원리를 직접 적용해 보도록 해보자.

2) 40가지 발명원리를 통한 해결안 :

적용할 수 있는 발명원리는 무엇이고, 도출된 해결안은 무엇인가?

해결안 번호	발명원리 번호	이름	발명안
1	5	통합	타일과 물이 빠지는 길을 통합한다.
2	31	다공질 재료	타일 스스로 물을 빼내도록 다공질 재료로 바꾼다.
3	35	속성변환	물이 닿으면 타일의 다공성이 증가된다.
4	3	국부적 품질	타일의 일부분을 마찰력을 높인다.

3) 물리적 모순 서술

물의 이동 을(를) 변경하면 현재 시스템이 개선되고, 동시에 악화 된다.

4) 분리의 원리를 적용한 해결안

시간의 분리 : 몸을 씻는 시간과 고여 있는 시간을 분리한다.

공간의 분리 : 몸을 씻는 곳과 물이 고이는 곳을 분리한다.

시스템 수준으로 분리 : ______________________

조건으로/관계로 분리 : 물이 타일에 닿으면 물이 사라진다.

(3) 해결안 확인

1) 최종 해결안 : 가장 적합한 해결안은 무엇인가?

- 최종 해결안 판단 기준: 다음 판단기준을 참조

① 해로운 특성이 사라지는가?
② 유용한 특성이 유지되는가? 새로운 이득이 나타나는가?
③ 해로운 특성이 새롭게 나타나는가?
④ 시스템이 더욱 복잡해지는가?
⑤ 주요한 물리적 모순이 해결되는가?
⑥ 과거에 무시된, 쉽게 이용 가능한 유휴자원이 사용되는가?
⑦ 기타 : 실행에 옮기기 쉬운가?

선정된 최종 해결안 : 1, 2, 4 해결안을 합하여 사용

발명원리 5, 31, 3 을 함께 적용. 타일만 변경함으로 해결하며, 원하지 않는 효과를 막기 위해 다양한 성질들이 함께 작용하고 있음.

2) 해결안 평가 : 전체 시스템 안에서 해결안은 어떠한 역할을 하는가?

- 해결안이 적용된 상황 설명 : 몸을 씻고 난 뒤, 물이 타일에 떨어지면 타일에 나 있는 홈을 따라 물이 이동하게 되고, 뚫린 구멍들을 통해 물이 빠져 나가게 된다. 타일위에 있는 홈에 의해 마찰력을 증가시키는 효과도 갖게 되었다.

3) 기타 효과 평가 : 최종 해결안으로 인한 효과들은 무엇이 있는가?

- 이로운 효과 : 원하는 기능 달성

  타일이 물을 빠지게 하는 역할을 스스로 하고, 많은 구멍을 통해 물이 빨리 빠지고, 표면이 거칠어서 마찰력이 증가함.

- 해로운 효과 : 제작의 복잡함 증가, 내구성 감소

  재질을 금속으로 바꿔서 내구성 확보.

4.3 산업체 사례

사례 1 : 지진 감지 및 내진기능을 포함하는 수배전반[17)]

(1) 문제 상황 분석

1) 문제정의 : 해결해야 하는 문제는 무엇인가?

- 문제 상황 설명 : 지진에 의한 전기 수배전반의 오작동 및 파괴.
  전력공급 기능을 갖는 수배전반이 지진발생 시, 오작동 및 파괴되어 전력이 차단되고 화재가 발생함.
- 문제 상황을 일으키는 대상물 : 지진에 의한 진동

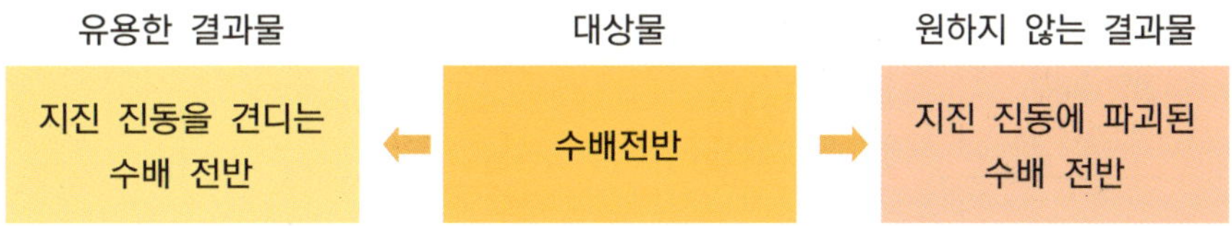

- 유용한 결과가 나타나는 현상 설명 : 진동을 흡수하는 내진구조를 갖춘다.
  진동 영향을 안받는 구조를 갖춘다.
  진동이 멈춘 후 자동복구 기능을 갖춘다.
- 원하지 않는 결과가 나타나는 현상 설명 : 진동에 의해 수배전반이 오작동되거나 파괴되어 전력이 차단된다.

17) 본 사례는 2017년 X-Corps 인하대학교 산업체 현장문제해결 결과물을 토대로 재작성한 것임(지도교수: 전기공학과 이천).

2) 문제 분석

① 기능분석 (도구, 작용, 대상물)

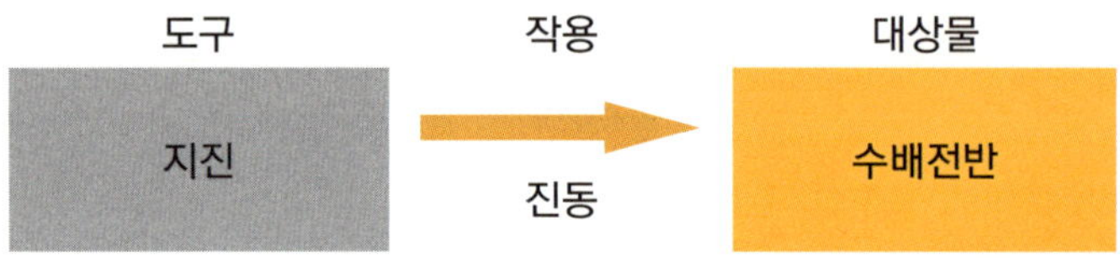

② 문제 원인 분석 :

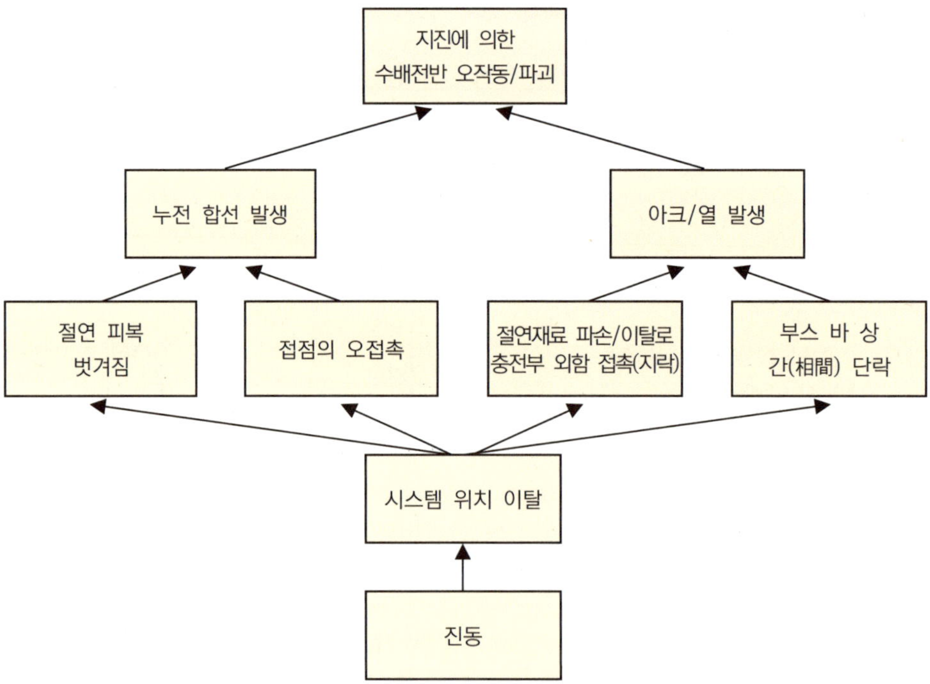

3) 이상성 설정 : 가장 이상적인 결과는 무엇인가?

<u>지진에 의한 진동충격을 수배전반이 스스로 흡수한다.</u>

4) 9윈도우즈 전개

	과거	현재	미래
상위 시스템	발전소, 송전소, 변전소, 철탑 등 송배전 선로	발전소, 송전소, 변전소, 철탑 등 송배전 선로	분산형 전원, 스마트 그리드 (Smart Grid)
시스템	재래식 수배전반	수배전반	내진구조와 자동복귀 기능을 갖춘 수배전반
하위 시스템	오일 차단기(OCB) 유도 원판형, 보호계전기 퓨즈, etc...	진공 차단기(VCB) 디지털 보호계전기 CT&VT, Insulator 부스 바(구리 사용)	무접점 차단기(Thyristor), 디지털 다기능 보호계전기, 부스 바(초전도체 사용), 탄성고무판, 완충기, 가세

* CT & VT : Current Transformer & Voltage Transformer
OCB : Oil Circuit Breaker
VCB : Vacuum Circuit Breaker
보호계전기 : Protective Relay
Smart Grid : 지능형 전력망, 다양한 전원(수력, 풍력, 지열)을 받아 관리, 제어, 분배하는 시스템
부스 바 : Bus Bar, 대용량 전기도체
Thyristor : 사이리스터, 반도체를 사용한 전력 switching 소자(예, SCR(Silicon controlled rectifer, 실리콘 제어 정류기).

5) 자원분석 : 사용할 수 있는 자원은 무엇인가?

자원	상세 자원	제약조건
자연 또는 환경자원	지진	
시간자원	지진발생 전후 시간	매우 짧은 시간으로 순간대처 필요
공간자원	수배전반의 공간	매우 좁은 공간
기능자원	전기공급 장치	
정보자원		
물질자원	수배전반 구성품	
시스템자원	인입/인출선*	
장 자원	중력장, 전기, 자기장	수직 및 수평진동 존재

* 인입선~수배전반으로 들어오는 입력선
  인출선~수배전반에서 사용처로 나가는 출력선

(2) 문제 해결 과정

1) 모순 서술

기존의 슬라이딩 방식 내진 기능 구조	기존의 회정형 진동흡수 구조
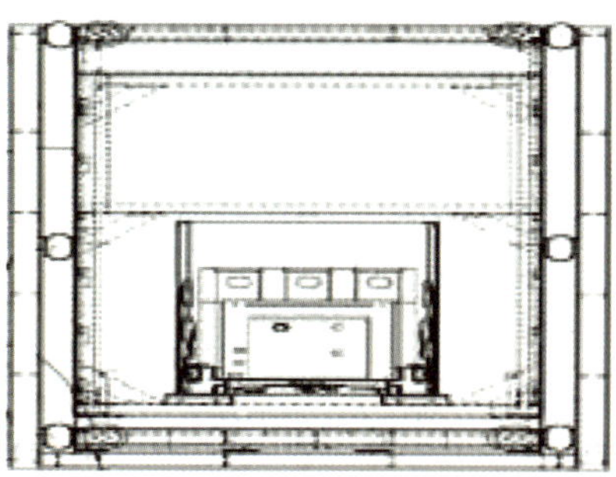	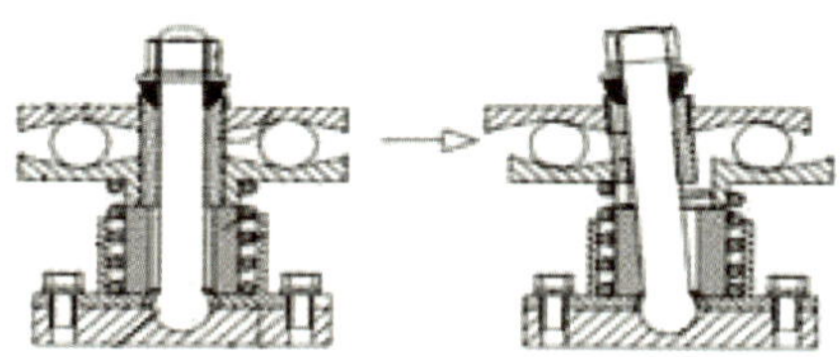

① 슬라이딩 방식 내진 기능 구조

외함 본체에 가해진 진동으로 인한 내함 본체의 수평방향으로 가해지는 힘이 차폐된다. 내함 본체가 수평방향으로 이동하여 내진 기능을 가진다. 하지만 스프링의 형태가 아닌 슬라이딩 방식의 내진 기능이라 지진 진동으로 슬라이딩이 얼마나 일어나는지 모른다.

② 회전형 진동흡수 구조

볼 베어링 볼트에 의해 무방향 흔들림을 방지하고 진동 후 자동복구 기능을 가진다. 또한 스프링 및 탄성 고무관에 의해 상/하 충격을 이중으로 방지함으로써 지표면에 설치된 수전용 설비나 장치 구조물의 수평을 유지한다. 하지만 볼 베어링 벨트에 의한 자동복구가 매우 큰 진동에도 기능을 유지할지 의문이며 중앙에 삽입된 탄성 고무관의 빠른 노후로 인한 기능 저하가 예상된다.

* 모순 매트릭스를 이용한 방법은 p.54~p.56 사례를 통해 제시했으므로 본 양식에서는 40가지 발명원리를 직접 적용해 보도록 해보자.

2) 40가지 발명원리를 통한 해결안 :

적용할 수 있는 발명원리는 무엇이고, 도출된 해결안은 무엇인가?

① 번 모순 : 개선하려는 특성 - 내구성 (발명원리 27)

악화되는 특성 - 움직이는 물체의 길이 (발명원리 3)

해결안번호	발명원리번호	이름	발명안
1	15	역동성	볼 베어링 볼트와 슬라이딩 방식의 역동성 추가구조
2	9	사전반대조치	-
3	14	구형화	탄성 고무관 접촉 부분의 구형화
4	4	비대칭	-

(3) 해결안 확인

1) 최종 해결안 : 가장 적합한 해결안은 무엇인가?

- 최종 해결안 판단 기준 : 다음 판단기준을 참조

(다수의 해결안 중 선택이 필요할 때 다음 판단기준을 사용한다. 본 사례의 경우는 제시된 아이디어의 종합으로 하나의 아이디어를 제기하기 때문에 참고만 한다.)

① 해로운 특성이 사라지는가?
② 유용한 특성이 유지되는가?
새로운 이득이 나타나는가?
③ 해로운 특성이 새롭게 나타나는가?
④ 시스템이 더욱 복잡해지는가?
⑤ 주요한 물리적 모순이 해결되는가?
⑥ 과거에 무시된, 쉽게 이용 가능한 유휴자원이 사용되는가?
⑦ 기타 : 실행에 옮기기 쉬운가?

선정된 최종 해결안: 발명원리 14, 15를 종합적으로 적용한다.

2) 해결안 평가 : 전체 시스템 안에서 해결안은 어떠한 역할을 하는가?

- 해결안이 적용된 상황 설명 : 자동복귀 기능을 갖는 수배전반 내진장치

탄성 고무관 하부의 슬라이드 방식인 이동형 구조에 아래 그림과 같이 역동적인 구형 구조를 삽입한다. 수배전반을 포함한 구조물의 파손 정도가 적은 흔들림에 대해 원래 기능을 최대한 유지하고, 내진 기능 특성의 장시간 유지를 기대할 수 있다. 탄성 고무에 인가되는 중량 긴장을 완화시켜서 수평방향 뿐만 아니라 상하 충격에 대한 내진 성능 유지에 도움이 될 것이다.

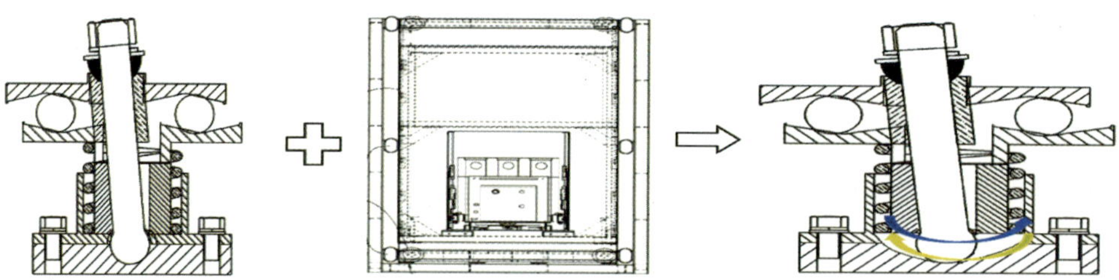

3) 기타 효과 평가 : 최종 해결안으로 인한 효과들은 무엇이 있는가?

- 이로운 효과 : 원하는 기능 달성
  수배전반의 내진기능 향상으로 지진 발생 시, 안정된 전력공급이 보장됨
- 해로운 효과 : 제작의 복잡함 증가, 가격상승
  수배전반의 안정성 증가를 위하여 내진 보강체 설치로 장치가 복잡해지고, 가격이 상승함

사례 2 : 태양열 온돌 난방 시스템의 배관 내 기포 제거[18]

(1) 문제 상황 분석

1) 문제정의 : 해결해야 하는 문제는 무엇인가?

■ 문제 상황 설명:

축열조, 집열기 등의 시스템 온도가 상승하면 배관 순환 액체(물)가 팽창하고, 이때 배관 순환 액체에 공기(기포)가 생긴다. 이로 인해 배관의 압력이 상승하여 순환펌프가 압력저항을 받아 액체 순환에 무리가 생긴다. 해결책으로 고열 상승시 압력상승에 따른 압력제거 방법으로 공기(기포) 빼기가 필요하다.

기포를 제거하는 장치로 중공사막(中空絲膜, hollow fiber) 등 탈기장치, 기포 제거기(에어 어레스터, air arrester) 등이 있으며 대체로 부력 방식 공기배출 장치(air vent)를 사용하는 경우가 많다.

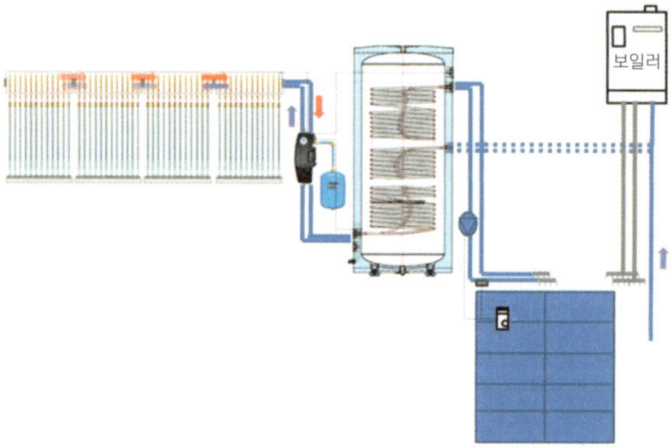

18) 본 과제는 2014년 대진대학교 트리즈 캠프에서 활용된 산업체 현장문제해결 결과물을 재작성한 것임.

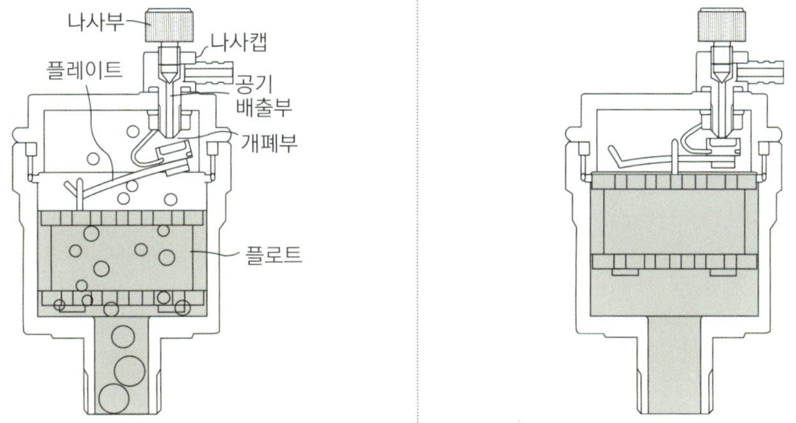

공기가 있으면 플로트(浮子, float)의 무게로 개폐부가 열린 상태에서 공기를 배출한다

공기가 배출된 다음에 수위와 함께 플로트가 상승해서 밸브가 닫힌다

부력 방식 공기배출 장치(에어 벤트, air vent)의 구조와 작동 원리

그런데 부력 방식 장치에서 공기가 배출된 다음에는 플로트가 상승되어 공기 배출 구멍을 밀폐시켜서 물을 배출하지 않아야 하나 플로트가 개폐부를 완전하게 밀폐시키지 못하고 있다. 이 경우 외부에 잠금장치를 별도로 설치해서 물의 누설을 방지한다.

- 문제 상황을 일으키는 대상물 : 부력 방식 공기배출 장치의 플로트

유용한 결과물	대상물	원하지 않는 결과물
공기를 배출해서 기포를 제거한다	플로트	물이 누출된다

- 유용한 결과가 나타나는 현상 설명 : 공기를 배출해서 배관 내 기포를 제거한다.
- 원하지 않는 결과가 나타나는 현상 설명 : 공기를 배출한 다음에 불안전한 밀폐 때문에 물이 누출된다.

2) 문제 분석

① 기능분석 (도구, 작용, 대상물)

② 문제 원인 분석 : 개폐부를 완전히 막아주지 않는다.

3) 이상성 설정 : 가장 이상적인 결과는 무엇인가?

배관 내 열 매체에 기포가 전혀 없다.

4) 9 윈도우즈 전개

	과거	현재	미래
상위 시스템	배관, 축열조	배관, 축열조, 컨트롤시스템, 난방패널	배관, 축열조
시스템	수동 공기배출장치	부력방식 공기배출장치	자동 공기배출장치
하위 시스템	포집관, 개폐밸브	나사부, 나사캡, 플로트, 플레이트, 개폐부	자동 개폐기능 플로트, 스마트 재료

5) 자원분석 : 사용할 수 있는 자원은 무엇인가?

자원	상세 자원
자연 또는 환경자원	열 매체의 증기압, 열매체 온도에 따른 기체 용해도, 열 매체 이동 시 압력 변화, 배관 내 열 매체 채움 상태, 열 매체 주입 시 공기 투입, 부력, 주위 환경(온도, 습도, 단열재, 마감재)
시간자원	개페부의 개방 또는 밀폐 시간
공간자원	배관 구조, 배관 위치, 배관 길이, 배관 굵기
기능자원	플로트의 승하강, 물의 흐름, 기포 상승
정보자원	열매체 온도, 수온, 배관열
물질자원	열 매체 종류, 배관 재료, 열 매체 내 이물질, 기포, 배관내 노폐물, 부동액, 열 매체(비열, 유전율, 기체용해도, 비용, 혼합 비율, 산화도, 유동성, 점도, 인화점, 끓는점, 증기압), 플로트 재료
시스템자원	펌프, 제어기
장 자원	중력, 수압, 유속, 배관열, 열 매체 온도, 배관 열전도율

(2) 문제 해결 과정

1) 모순 서술

① 반일 현재 시스템에서 공기 배출 구멍에서의 물 누출 방지라는 긍정적인 특성을 플로트와 장치 내부 간격을 줄임으로써 플로트가 상승할 때 개폐부의 밀폐성을 높임과 같은 방법으로 개선한다면, 플로트 승하강의 곤란 및 유체 내 공기 배출 기능 약화와 같은 부정적인 특성이 강화될 것이다.

② 만일 현재 시스템의 플로트 승하강의 곤란 및 유체 내 공기 배출 기능 약화라는 부정적인 특성을 플로트와 장치 내부 간격을 늘임과 같은 방법으로 감소시키면, 플로트 상승시 개폐부의 밀폐 수준이 낮아져서 공기 배출 구멍에서의 물 누출 방지와 같은 긍정적인 특성이 약화될 것이다.

* 물이 공기 배출 구멍을 통해서 누출되지 않으려면, 상승된 플로트가 개폐부를 완전하게 밀폐시켜야 하며, 이를 위해서는 플로트와 장치 내부 사이에 틈이 작을수록 좋지만, 이렇게 틈이 작아지면 유체 수위가 낮아질 때 플로트 하강이 어려워질 수 있다.

* 모순 매트릭스를 이용한 방법은 p.49 사례를 통해 제시했으므로 본 양식에서는 40가지 발명원리를 직접 적용해 보도록 해보자.

2) 40가지 발명원리를 통한 해결안 :

적용할 수 있는 발명원리는 무엇이고, 도출된 해결안은 무엇인가?

해결안 번호	발명원리 번호	이름	발명안
1	7	포개기	플로트 모양을 본체 모양과 유사하게 만들어 플로트 상승 시 플로트가 공기 배출구멍 개폐부를 밀폐시킨다.
2	14	구형화	구형화 원리를 적용하여 원통형의 플로트를 원추형으로 만든다.
3	24	매개체	플로트 측면에 가느다란 뼈대(rib)를 만들어 이로써 생긴 홈을 통해 공기가 상승할 수 있도록 한다.

3) 물리적 모순 서술

현재 시스템에서 공기 배출 구멍에서의 물 누출을 방지하기 위해서는 플로트와 장치 내부 간격을 줄여서 플로트 상승 시 개폐부의 밀폐성을 높여야 하는 반면, 플로트 승하강과 유체 내 공기 상승을 위해서는 플로트와 장치 내부 간격을 늘여야 한다.

4) 분리의 원리를 적용한 해결안

시간의 분리 : 해당사항 없음

공간의 분리 : 플로트와 장치 내부 간격을 공간에 따라 줄이거나 늘림

시스템 수준으로 분리 : 플로트와 장치 내부 간격을 줄이는 부분 이외에 유체(열 매체)가 이동될 수 있는 공간을 확보함

조건의/관계로 분리 : 플로트가 상승되면 플로트와 장치 내부 간격이 밀착돼서 개폐부가 밀폐됨

(3) 해결안 확인

1) 최종 해결안 : 가장 적합한 해결안은 무엇인가?

- 선정된 최종 해결안 : 자동 공기배출 장치

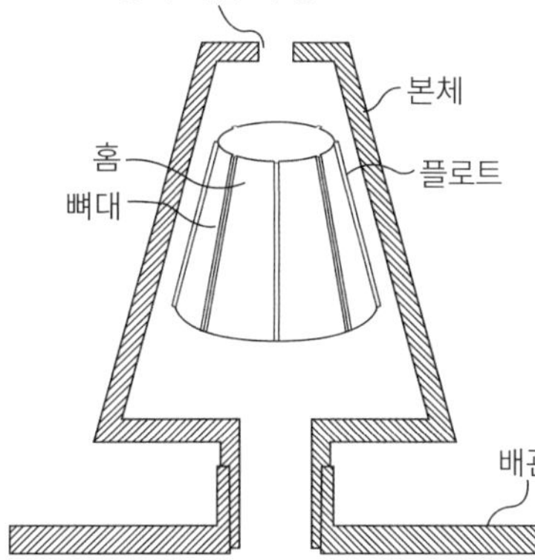

자동 공기배출 장치 개략도

2) 해결안 평가 : 전체 시스템 안에서 해결안은 어떠한 역할을 하는가?

- 해결안이 적용된 상황 설명 : 플로트 무양을 원추형으로 만들어 개폐부의 밀폐를 완벽하게 하고, 측면에 형성된 rib을 통해 기포의 배출을 돕는다.

3) 기타 효과 평가 : 최종 해결안으로 인한 효과들은 무엇이 있는가?

- 이로운 효과 : 공기 배출 후 플로트가 개폐부를 완벽하게 밀폐시켜 누수를 방지함으로써 나사캡을 사용하지 않아도 자동으로 공기가 배출됨
- 해로운 효과 : 없음

부 록

1. 40가지 발명원리
2. 39가지 기술적 파라미터
3. 모순 매트릭스
4. 과학적 효과
5. 분리원리와 발명원리의 관계
6. 생각해보기 풀이

부록 1 40가지 발명원리

원리 1 - 분할(Segmentation)

A 독립적인 부분으로 대상물을 나눈다.

B 대상물을 분해하기 쉽게 만든다.

C 조각화 또는 분할의 정도를 증가시킨다.

원리 2 - 추출(빼내기, 회수, 제거) (Extracting, Retrieving, Removing)

A 이 대상물에서 '방해'가 되는 부분이나 특성을 추출한다.

B 대상물에서 필요한 부분이나 속성만을 추출한다.

원리 3 - 국부적 품질(Local Quality)

A 대상물이나 외부환경(작용)을 동질적인 것에서 이질적인 것으로 바꾼다.

B 대상물의 여러 분분들이 서로 다른 기능을 수행하도록 한다.

C 대상물의 각 부분을 작업에 가장 유리한 조건이 되도록 배치한다.

원리 4 - 비대칭(Asymmetry)

A 대칭형을 비대칭형으로 바꾼다.

B 대상물이 이미 비대칭인 경우 그 비대칭의 정도를 높인다.

원리 5 - 통합(Consolidation)

A 동질적인 대상물 또는 연속적으로 작동하도록 되어있는 대상물을 공간적으로 통합한다.

B 동질적이거나 연속적인 작동을 시간적으로 통합한다.

원리 6 – 범용성/다용도(Universality)

A 하나의 대상물로 여러 기능을 수행하게 한다. 그러면 나머지 다른 요소들을 제거할 수 있다.

원리 7 – 포개기(Nesting)

A 한 대상물이 다른 대상물의 내부에 배치된다.

B 한 대상물이 다른 대상물의 구멍을 통과한다.

원리 8 – 공중부양(Counterweight)

A 대상물의 무게를 줄이기 위해 양력을 제공하는 다른 대상물과 결합한다.

B 대상물의 무게를 줄이기 위해 외부 환경의 영향을 받는 공기역학적 혹은 유체역학적 힘을 이용한다.

원리 9 – 사전반대조치(Prior Counteraction)

A 너무 크거나 바람직하지 않은 응력을 상쇄하기 위해 대상물에 미리 (반대방향으로) 응력을 가한다.

원리 10 – 사전조치(Prior Action)

A 대상물에 필요한 변화를 미리(완전히 또는 부분적으로) 가한다.

B 가장 편리한 위치에서 바로 작업에 들어갈 수 있도록 대상물의 위치를 미리 잡아둔다.

원리 11 – 사전예방(Cushion in Advance)

A 어떤 대상물의 신뢰성이 그다지 높지 않은 경우, 비상수단을 미리 준비해 둔다.

원리 12 – 높이 맞추기(Equipotentiality)

A 대상물을 올리거나 내릴 필요가 없도록 작업 조건을 바꾼다.

원리 13 – 반대로 하기(Do It in Reverse)

A 문제에 대한 직접적인 조치 대신에 반대 조치를 취한다.

B 대상물의 움직이지 않는 부분은 움직이게, 움직이지 않는 부분은 움직이게 한다.

C 대상물을 '거꾸로' 돌린다.

원리 14 – 구형화(Spheroidality)

A 직선을 곡선으로, 평면을 곡면으로, 입방체를 구체로 바꾼다.

B 롤러, 공, 나선형을 사용한다.

C 직선운동을 회전운동으로 바꾼다. 원심력을 활용한다.

원리 15 – 역동성(Dynamicity)

A 대상물이나 외부 환경 특성을 변화시켜 각 단계마다 최적의 성능을 내게 한다.

B 대상물이 움직이지 않는 경우 움직이게 만든다. 대상물을 서로 교환할 수 있게 만든다.

C 대상물의 상대적인 위치를 바꿀 수 있도록 대상물의 부분을 분할한다.

원리 16 – 과부족 조치(Partial or Excessive Action)

A 원하는 효과를 100% 얻기 어렵다면, 그보다 많게 또는 적게 달성한다,

원리 17 – 차원 바꾸기(Transition Into a New Dimension)

A 대상물의 위치나 이동을 1차원을 2차원으로, 2차원을 3차원으로 바꾼다.

B 대상물의 다층 구조를 활용한다.

C 대상물을 기울이거나 옆으로 눕힌다.

D 주어진 면의 반대 면을 활용한다.

E 이웃 공간이나 대상물의 반대편 쪽으로 광선을 비춘다.

원리 18 – 기계적 진동(Mechanical Vibration)

A 진동을 사용한다.

B 이미 진동이 있다면, 그 진동수를 초음파까지 증가시킨다.

C 공명 주파수를 이용한다.

D 기계적 진동을 압전(piezo) 진동으로 바꾼다.

E 초음파 진동을 전자기장과 연계하여 이용한다.

원리 19 – 주기적 작용(Periodic Action)

A 연속적인 작용을 주기적인 순간작용(impulse)으로 바꾼다.

B 작용이 이미 주기적이라면, 그 주파수를 바꾼다.

C 추가적인 작용을 제공하기 위해 임펄스 사이의 쉬는 시간을 이용한다.

원리 20 – 유용한 작용의 지속(Continuity of Useful Action)

A 쉬지 않고 작동하게 한다. 대상물의 모든 부분들을 최대 성능으로 작동하게 한다.

B 헛된 동작 또는 중간 동작을 제거한다.

C 전진/후퇴의 왕복 동작을 회전 동작으로 바꾼다.

원리 21 – 고속 처리(Continuity of Useful Action)

A 빠른 속도로 해롭고 위험한 작업을 처리한다.

원리 22 – 전화위복/해로움을 이로움으로(Convert harm into benefit)

A 바람직한 효과를 얻기 위해 해로운 인자(특히, 환경적 인자)를 활용한다.

B 하나의 해로운 인자를 다른 해로운 인자와 결합시켜서 해로운 인자를 제거한다.

C 해로움이 사라질 때까지 해로운 작용의 정도를 더욱 증가시킨다.

원리 23 – 피드백(Feedback)

A 피드백을 도입한다.

B 이미 피드백이 존재한다면 그것을 변화시킨다.

원리 24 – 매개체(Mediator)

A 매개체를 사용하여 작용을 전달하거나 수행한다.

B 쉽게 제거할 수 있는 대상물을 원래 대상물에 임시로 연결한다.

원리 25 – 셀프 서비스(Self Service)

A 대상물 스스로 서비스, 보충 및 수리 작업을 수행하게 한다.

B 폐기물이나 폐 에너지를 이용한다.

원리 26 – 복제(Copying)

A 깨지기 쉽거나 다루기 불편한 원본 대상물 대신에 단순하고 값싼 복제품을 사용한다.

B 가시광선을 사용하는 경우, 적외선 또는 자외선으로 바꾼다.

C 대상물(혹은 대상물의 시스템)을 광학 이미지와 바꾼다. 그러면 그 이미지를 줄이거나 확대할 수 있다.

원리 27 – 일회용품/값싸고 짧은 수명(Dispose)

A 값비싼 대상물을 값싼 대상물로 바꾸고, 다른 특성들(예를 들어 수명)과 타협한다.

원리 28 – 기계시스템의 대체(Replacement of Mechanical System)

A 기계 시스템을 광학, 음향 또는 후각 시스템으로 대체한다.

B 대상물을 전기, 자기 및 전자기장과 상호작용하게 한다.

C 장을 다음과 같이 교체한다.

- 움직이지 않는 장을 움직이는 장으로
- 시간에 따라 고정된 장을 변화하는 장으로
- 불규칙한 장을 구조화된 장으로

D 장을 강자성입자와 함께 사용한다.

원리 29 – 공기식/ 수압식 구조물(Pneumatic or Hydraulic Constructions)

A 대상물의 고체 부분들을 가스나 액체로 바꾼다. 그러면 공기나 물을 사용해서 대상물이 팽창되거나, 공기 큐션 또는 수압 큐션을 사용할 수 있다.

원리 30 – 유연한 막 또는 얇은 필름(Flexible Membranes or Thin Films)

A 통상의 구조물을 유연한 막이나 얇은 필름으로 바꾼다.

B 유연한 막이나 얇은 필름을 이용하여 대상물을 외부환경과 격리시킨다.

원리 31 – 다공질 재료(Porous Material)

A 대상물을 다공질 재료로 만든다 또는 대상물에 다공질 요소(삽입물, 덮개 등)를 추가한다.

B 대상물이 이미 다공질이면 그 구멍들을 미리 어떤 물질로 채운다.

원리 32 – 색상 변경(Changing the Color)

A 대상물이나 그것의 외부환경의 색상을 바꾼다.

B 대상물이나 그것의 외부환경의 투명도를 바꾼다.

C 관찰하기 어려운 대상물이나 과정을 관찰하기 위해 유색 첨가제를 사용한다.

D 이러한 첨가제를 이미 사용하고 있다면 발광 추적 또는 추적 원자를 이용한다.

원리 33 – 동질성(Homogeneity)

A 주요 대상물과 상호작용하는 주변 대상물을 주요 대상물과 같은 물질(또는 비슷한 성질을 지닌 재료)로 만든다.

원리 34 – 폐기 및 재생(Rejecting and Regenerating Parts)

A 대상물의 요소가 그 기능을 마쳤거나 쓸모없게 되면, 그 요소를 폐기하거나(버리기, 녹이기, 증발시키기) 또는 작업과정에서 그 요소를 변경한다.

B 대상물 중에서 이미 사용된 부분은 작업 중에 원위치한다.

원리 35 – 속성 변환(Transformation of Property)

A 시스템의 물리적 상태를 바꾼다.

B 농도 또는 밀도를 바꾼다.

C 유연성의 정도를 바꾼다.

D 온도나 부피를 바꾼다.

원리 36 – 상전이(Phase Transition)

A 상전이 현상(즉 부피의 변화, 열의 발산/흡수 등)을 이용한다.

원리 37 – 열팽창(Thermal Expansion)

A 온도 변화에 의한 대상물의 팽창 또는 수축을 이용한다.

B 열팽창 계수가 다른 여러 가지 재료를 사용한다.

원리 38 – 산화 가속(Accelerated Oxidation)

A 한 수준의 산화 단계에서 더 높은 수준의 산화 단계로 바꿔간다.

- 일반 공기를 산화 공기로
- 산화 공기를 산소로
- 산소를 이온화 산소로
- 이온화 산소를 오존화 산소로
- 오존화 산소를 오존으로
- 오존을 활성 산소(singlet oxygen)로

원리 39 – 불활성 환경(Inert Environment)

A 정상적인 환경을 불활성 환경으로 바꾼다.

B 대상물에 중성 물질이나 중성 첨가제를 넣는다.

C 작업을 진공에서 수행한다.

원리 40 – 복합재료(Composite Materials)

A 동질성 재료를 복합재료로 바꾼다.

부록 2 39가지 기술적 파라미터

TP 01 - 움직이는 물체의 무게(Weight of moving object)

중력으로 인해 움직이는 물체가 낙하 표면에 미치는 측정 가능한 힘. 움직이는 물체란 스스로 또는 일부 외부 힘에 의해 위치가 바뀌는 물체를 말한다.

TP 02 - 움직이지 않는 물체의 무게(Weight of non-moving object)

중력으로 인해 정지한 물체가 그것이 놓여 있는 표면에 미치는 측정 가능한 힘. 정지한 물체란 스스로 또는 일부 외부의 어떤 힘에 의해 위치가 바뀌지 않는 물체를 말한다.

TP 03 - 움직이는 물체의 길이(Length of moving object)

해당 물체의 관측 운동방향에서 물체의 가로, 세로, 높이의 길이 단위. 움직임은 내부 또는 외부 힘에 의해 발생할 수 있다.

TP 04 - 움직이지 않는 물체의 길이(Length of non-moving object)

관측 운동이 발생하지 않는 방향에서 물체의 가로, 세로, 높이의 길이 단위

TP 05 - 움직이는 물체의 면적(Area of moving object)

내부나 외부의 힘이 작용할 때 공간상에서 위치가 바뀔 수 있는 어떤 물체의 평면이나 평면의 한 부뷰의 면적 단위

TP 06 - 움직이지 않는 물체의 면적(Area of non-moving object)

내부나 외부의 힘이 작용할 때 공간상에서 위치가 바뀔 수 없는 어떤 물체의 평면이나 평면의 한 부분의 면적 단위

TP 07 - 움직이는 물체의 부피(Volume of moving object)

내부나 외부의 힘이 작용할 때 공간상에서 위치가 바뀔 수 있는 어떤 물체의의 부피 단위

TP 08 - 움직이지 않는 물체의 부피(Volume of non-moving object)

내부나 외부의 힘이 작용할 때 공간상에서 위치가 바뀔 수 없는 어떤 물체의 부피 단위

TP 09 - 속도(Speed)

시간당 작용 또는 과정의 달성 비율

TP 10 - 힘(Force)

물체나 시스템이 물리적인 변화를 일으키는 능력. 이 변화는 전부 또는 부분적으로 일어날 수 있으며, 영구적이거나 일시적일 수 있다.

TP 11 - 장력 또는 압력(Tension/Pressure)

물체나 시스템에 작용하는 힘의 강도로, 면적당 압축력이나 장력으로써 측정된다.

TP 12 - 모양(Shape)

물체나 시스템의 외관이나 윤곽. 모양은 그 물체에 작용하는 힘 때문에 전부 또는 부분적으로 변할 수 있으며, 영구적이거나 일시적으로 변할 수 있다.

TP 13 - 물체의 안전성(Stability of object)

관련된 물체나 시스템의 상호작용에 의하여 발생하는 변화에 대한 물체나 시스템의 저항력

TP 14 - 강도(Strength)

한정된 조건과 한계 하에서 물체나 시스템이 깨지지 않는 힘, 속도, 응력 등(파괴는 제외)의 영향을 흡수할 수 있는 물체나 시스템의 능력

TP 15 - 움직이는 물체의 작용 지속 시간(Durability of moving object)

공간 위치를 바꿀 수 있는 물체가 그 기능을 충분히 발휘할 수 있는 시간의 길이

TP 16 – 움직이지 않는 물체의 작용 지속 시간(Durability of non-moving object)

공간 위치를 바꿀 수 없는 물체가 그 기능을 충분히 발휘할 수 있는 시간의 길이

TP 17 – 온도(Temperature)

바람직한 기능의 사용 중, 물체, 시스템 또는 제품의 손실 열 또는 부가 열. 이것은 물체, 시스템 또는 제품에 바람직하지 않은 변화 일으킬 수 있다.

TP 18 – 밝기(Brightness)

시스템에 의해 또는 시스템에서 밝혀진 면적당 빛 에너지 비율. 밝기는 빛의 성질, 조명의 정도, 그리고 빛의 그 밖의 특성을 포함한다.

TP 19 – 움직이는 물체에 의해 사용된 에너지(Energy spent by moving object)

스스로 또는 외부 힘에 의해서 공간 위치를 바꾸는 물체나 시스템의 에너지 요구량

TP 20 – 움직이지 않는 물체에 의해 사용된 에너지(Energy spent by non-moving object)

스스로 또는 외부 힘에 의해서 공간 위치를 바꿀 수 없는 물체나 시스템의 에너지 요구량

TP 21 – 동력(Power)

일을 수행하기 위해 필요한 시간당 일의 비율. 주어진 조건하에서 하나의 물체나 시스템에 있어서 필요하지만 잠재적으로 바람직하지 않은 동력의 변화를 측정하기 위해 사용된다.

TP 22 – 에너지 손실(Waste of energy)

물체나 시스템이 특히 일을 하지 않거나 제품을 만들지 않을 때, 불필요하게 사용하는 힘의 정도

TP 23 – 물질의 손실(Waste of substance)

물체나 시스템이 특히 일을 하지 않거나 제품을 만들지 않을 때, 물체나 시스템으로부터 재료를 줄이거나 제거

TP 24 – 정보의 손실(Loss of information)

시스템으로부터 데이터나 투입물을 줄이거나 제거

TP 25 – 시간의 손실(Waste of time)

주어진 작용을 완료하기 위한 필요한 시간의 증가

TP 26 – 물질의 양(Amount of substance)

물체나 시스템을 만들기 위해 사용되는 요소의 양이나 수

TP 27 – 신뢰성, 내구성(Reliability)

약간의 시간이나 사이클 동안에 필요한 기능을 적절하게 수행하기 위한 물체나 시스템의 능력

TP 28 – 측정의 정확도(Accuracy of measurement)

측정되는 양이 실제 값에 가까운 정도

TP 29 – 제조의 정밀도(Accuracy of manufacturing)

설계 사양의 물체나 시스템이 그 요소들의 사이의 일치 정도

TP 30 – 물체에 작용하는 해로운 인자(Harmful factors acting on object)

물체나 시스템에 작용하는, 효율 또는 품질을 떨어뜨리는 외부에서 생긴 영향력들

TP 31 – 해로운 부작용(Harmful side effects)

물체나 시스템에 작용하는, 효율 또는 품질을 떨어뜨리는 내부에서 생긴 영향력들

TP 32 - 제조의 용이성(Manufacturability)

물체나 시스템 생산의 편리함과 용이함

TP 33 - 사용의 편의성(Convenience of use)

물체나 시스템 작동의 편리함과 용이함

TP 34 - 유지 보수의 용이성(Repairability)

손상이나 과도한 사용 후에 물체나 시스템을 운전 조건으로 복구하기 위한 편리함과 용이성

TP 35 - 적응성(Adaptability)

외부 조건(환경, 기능 등)이 변함에 따라 물체나 시스템이 그 모양이나 순서를 스스로 다시 바꿀 수 있는 물체나 시스템의 능력

TP 36 - 장치의 복잡성(Complexity of device)

요소들 사이에 관계를 포함하여 물체나 시스템을 구성하는 요소의 수량과 다양성. 복잡성은 물체나 시스템의 사용을 숙달하는데 있어서 복잡함을 묘사하기도 한다.

TP 37 - 제어의 복잡성(Complexity of control)

수용 가능한 실수에 대한 측정비용 뿐 아니라 물체나 시스템의 측정과 모니터링에 사용되는 요소들의 수량과 다양성

TP 38 - 자동화 정도(Level of automation)

인간의 상호작용 없이 작업을 수행할 수 있는 물체나 시스템의 능력

TP 39 - 생산성(Productivity)

작업을 완료하는 횟수와 작업하는데 걸리는 시간 사이의 관계

부록 3 모순 매트릭스

모순 매트릭스

한 특성을 개선하려 할 때 악화되는 다른 특성

	개선하려는 특성(↓)	1	2	3	4	5	6	7	8	9	10	11	12	13	14	15	16	17	18	19
1	움직이는 물체의 무게		-	15, 8, 29, 34	-	29, 17	-	29, 2, 40, 28	-	2, 8, 15, 38	8, 10, 18, 37	10, 36, 37, 40	10, 14, 35, 40	1, 35, 19, 39	28, 27, 18, 40	5, 34, 31, 35	-	6, 29, 4, 38	19, 1, 32	35, 12, 34, 31
2	움직이지 않는 물체의 무게	-		-	10, 1, 29, 35	-	35, 30, 13, 2	-	5, 35, 14, 2	-	8, 10, 19, 35	13, 29, 10, 18	13, 10, 29, 14	26, 39, 1, 40	28, 2, 10, 27	-	2, 27, 19, 6	28, 19, 32, 22	19, 32, 35	-
3	움직이는 물체의 길이	8, 15, 29, 34	-		-	15, 17, 4	-	7, 17, 4, 35	-	13, 4, 8	17, 10, 4	1, 8, 35	1, 8, 10, 29	1, 8, 15, 34	8, 35, 29, 34	19	-	10, 15, 19	32	8, 35, 24
4	움직이지 않는 물체의 길이	-	35, 28, 40, 29	-		-	17, 7, 10, 40	-	35, 8, 2, 14	-	28, 10	1, 14, 35	13, 14, 15, 7	39, 37, 35	15, 14, 28, 26	-	1, 40, 35	3, 35, 38, 18	3, 25	-
5	움직이는 물체의 면적	2, 17, 29, 4	-	14, 15, 18, 4	-		-	7, 14, 17, 4	-	29, 30, 4, 34	19, 30, 35, 2	10, 15, 36, 28	5, 34, 29, 4	11, 2, 13, 39	3, 15, 40, 14	6, 3	-	2, 15, 16	15, 32, 19, 13	19, 32
6	움직이지 않는 물체의 면적	-	30, 2, 14, 18	-	26, 7, 9, 39	-		-	-	-	1, 18, 35, 36	10, 15, 36, 37	-	2, 38	40	-	2, 10, 19, 30	35, 39, 38	-	-
7	움직이는 물체의 부피	2, 26, 29, 40	-	1, 7, 4, 35	-	1, 7, 4, 17	-		-	29, 4, 38, 34	15, 35, 36, 37	6, 35, 36, 37	1, 15, 29, 4	28, 10, 1, 39	9, 14, 15, 7	6, 35, 4	-	34, 39, 10, 18	2, 13, 10	35
8	움직이지 않는 물체의 부피	-	35, 10, 19, 14	19, 14	35, 8, 2, 14	-	-	-		-	2, 18, 37	24, 35	7, 2, 35	34, 28, 35, 40	9, 14, 17, 15	-	35, 34, 38	35, 6, 4	-	-
9	속도	2, 28, 13, 38	-	13, 14, 8	-	29, 30, 34	-	7, 29, 34	-		13, 28, 15, 19	6, 18, 38, 40	35, 15, 18, 34	28, 33, 1, 18	8, 3, 26, 14	3, 19, 35, 5	-	28, 30, 36, 2	10, 13, 19	8, 15, 35, 38
10	힘	8, 1, 37, 18	18, 13, 1, 28	17, 19, 9, 36	28, 10	19, 10, 15	1, 18, 36, 37	15, 9, 12, 37	2, 36, 18, 37	13, 28, 15, 12		18, 21, 11	10, 35, 40, 34	35, 10, 21	35, 10, 14, 27	19, 2	-	35, 10, 21	-	19, 17, 10
11	장력 또는 압력	10, 36, 37, 40	13, 29, 10, 18	35, 10, 36	35, 1, 14, 16	10, 15, 36, 28	10, 15, 36, 37	6, 35, 10	35, 24	6, 35, 36	36, 35, 21		35, 4, 15, 10	35, 33, 2, 40	9, 18, 3, 40	19, 3, 27	-	35, 39, 19, 2	-	14, 24, 10, 37
12	모양	8, 10, 29, 40	15, 10, 26, 3	29, 34, 5, 4	13, 14, 10, 7	5, 34, 4, 10	-	14, 4, 15, 22	7, 2, 35	35, 15, 34, 18	35, 10, 37, 40	34, 15, 10, 14		33, 1, 18, 4	30, 14, 10, 40	14, 26, 9, 25	-	22, 14, 19, 32	13, 15, 32	2, 6, 34, 14
13	물체의 안정성	21, 35, 2, 39	26, 39, 1, 40	13, 15, 1, 28	37	2, 11, 13	39	28, 10, 19, 39	34, 28, 35, 40	33, 15, 28, 18	10, 35, 21, 16	2, 35, 40	22, 1, 18, 4		17, 9, 15	13, 27, 10, 35	39, 3, 35, 23	35, 1, 32	32, 3, 27, 15	13, 19
14	강도	1, 8, 40, 15	40, 26, 27, 1	1, 15, 8, 35	15, 14, 28, 26	3, 34, 40, 29	9, 40, 28	10, 15, 14, 7	9, 14, 17, 15	8, 13, 26, 14	10, 18, 3, 14	10, 3, 18, 40	10, 30, 35, 40	13, 17, 35		27, 3, 26	-	30, 10, 40	35, 19	19, 35, 10
15	움직이는 물체의 작용 지속시간	5, 19, 34, 31	-	2, 19, 9	-	3, 17, 19	-	10, 2, 19, 30	-	3, 35, 5	19, 2, 16	19, 3, 27	14, 26, 28, 25	13, 3, 35	27, 3, 10		-	19, 35, 39	2, 19, 4, 35	28, 6, 35, 18
16	움직이지 않는 물체의 작용 지속시간	-	6, 27, 19, 16	-	1, 40, 35	-	-	-	35, 34, 38	-	-	-	-	39, 3, 35, 23	-	-		19, 18, 36, 40	-	-
17	온도	36, 22, 6, 38	22, 35, 32	15, 19, 9	15, 19, 9	3, 35, 39, 18	35, 38	34, 39, 40, 18	35, 6, 4	2, 28, 36, 30	35, 10, 3, 21	35, 39, 19, 2	14, 22, 19, 32	1, 35, 32	10, 30, 22, 40	19, 13, 39	19, 18, 36, 40		32, 30, 21, 16	19, 15, 3, 17
18	밝기	19, 1, 32	2, 35, 32	19, 32, 16	-	19, 32, 26	-	2, 13, 10	-	10, 13, 19	26, 19, 6	-	32, 30	32, 3, 27	35, 19	2, 19, 6	-	32, 35, 19		32, 1, 19
19	움직이는 물체에 의해 사용된 에너지	12, 18, 28, 31	-	12, 28	-	15, 19, 25	-	35, 13, 18	-	8, 35	16, 26, 21, 2	23, 14, 25	12, 2, 29	19, 13, 17, 24	5, 19, 9, 35	28, 35, 6, 18	-	19, 24, 3, 14	2, 15, 19	
20	움직이지 않는 물체에 의해 사용된 에너지	-	19, 9, 6, 27	-	-	-	-	-	-	-	36, 37	-	-	27, 4, 29, 18	35	-	-	-	19, 2, 35, 32	-
21	동력	8, 36, 38, 31	19, 26, 17, 27	1, 10, 35, 37	-	19, 38	17, 32, 13, 38	35, 6, 38	30, 6, 25	15, 35, 2	26, 2, 36, 35	22, 10, 35	29, 14, 2, 40	35, 32, 15, 31	26, 10, 28	19, 35, 10, 38	16	2, 14, 17, 25	16, 6, 19	16, 6, 19, 37
22	에너지 손실	15, 6, 19, 28	19, 6, 18, 9	7, 2, 6, 13	6, 38, 7	15, 26, 17, 30	17, 7, 30, 18	7, 18, 23	7	16, 35, 38	36, 38	-	-	14, 2, 39, 6	26	-	-	19, 38, 7	1, 13, 32, 15	-
23	물질의 손실	35, 6, 23, 40	35, 6, 22, 32	14, 29, 10, 39	10, 28, 24	35, 2, 10, 31	10, 18, 39, 31	1, 29, 30, 36	3, 39, 18, 31	10, 13, 28, 38	14, 15, 18, 40	3, 36, 37, 10	29, 35, 3, 5	2, 14, 30, 40	35, 28, 31, 40	28, 27, 3, 18	27, 16, 18, 38	21, 36, 39, 31	1, 6, 13	35, 18, 24, 5
24	정보의 손실	10, 24, 35	10, 35, 5	1, 26	26	30, 26	30, 16	-	2, 22	26, 32	-	-	-	-	-	10	10	-	19	-
25	시간의 손실	10, 20, 37, 35	10, 20, 26, 5	15, 2, 29	30, 24, 14, 5	26, 4, 5, 16	10, 35, 17, 4	2, 5, 34, 10	35, 16, 32, 18	-	10, 37, 36, 5	37, 36, 4	4, 10, 34, 17	35, 3, 22, 5	29, 3, 28, 18	20, 10, 28, 18	28, 20, 10, 16	35, 29, 21, 18	1, 19, 26, 17	35, 38, 19, 18
26	물질의 양	35, 6, 18, 31	27, 26, 18, 35	29, 14, 35, 18	-	15, 14, 29	2, 18, 40, 4	15, 20, 29	-	35, 29, 34, 28	35, 14, 3	10, 36, 14, 3	35, 14	15, 2, 17, 40	14, 35, 34, 10	3, 35, 10, 40	3, 35, 31	3, 17, 39	-	34, 29, 16, 18
27	신뢰성, 내구성	3, 8, 10, 40	3, 10, 8, 28	15, 9, 14, 4	15, 29, 28, 11	17, 10, 14, 16	32, 35, 40, 4	3, 10, 14, 24	2, 35, 24	21, 35, 11, 28	8, 28, 10, 3	10, 24, 35, 19	35, 1, 16, 11	-	11, 28	2, 35, 3, 25	34, 27, 6, 40	3, 35, 10	11, 32, 13	21, 11, 27, 19
28	측정의 정확도	32, 35, 26, 28	28, 35, 25, 26	28, 26, 5, 16	32, 28, 3, 16	26, 28, 32, 3	26, 28, 32, 3	32, 13, 6	-	28, 13, 32, 24	32, 2	6, 28, 32	6, 28, 32	32, 35, 13	28, 6, 32	28, 6, 32	10, 26, 24	6, 19, 28, 24	6, 1, 32	3, 6, 32
29	제조의 정밀도	28, 32, 13, 18	28, 35, 27, 9	10, 28, 29, 37	2, 32, 10	28, 33, 29, 32	2, 29, 18, 36	32, 23, 2	25, 10, 35	10, 28, 32	28, 19, 34, 36	3, 35	32, 30, 40	30, 18	3, 27	3, 27, 40	-	19, 26	3, 32	32, 2
30	물체에 작용하는 해로운 인자	22, 21, 27, 39	2, 22, 13, 24	17, 1, 39, 4	1, 18	22, 1, 33, 28	27, 2, 39, 35	22, 23, 37, 35	34, 39, 19, 27	21, 22, 35, 28	13, 35, 39, 18	22, 2, 37	22, 1, 3, 35	35, 24, 30, 18	18, 35, 37, 1	22, 15, 33, 28	17, 1, 40, 33	22, 33, 35, 2	1, 19, 32, 13	1, 24, 6, 27
31	해로운 부작용	19, 22, 5, 39	35, 22, 1, 39	17, 15, 16, 22	-	17, 2, 18, 39	22, 1, 40	17, 2, 40	30, 18, 35, 4	35, 28, 3, 23	35, 28, 1, 40	2, 33, 27, 18	35, 1	35, 40, 27, 39	15, 35, 22, 2	15, 22, 33, 31	21, 39, 16, 22	22, 35, 2, 24	19, 24, 39, 32	2, 35, 6
32	제조의 용이성	28, 29, 15, 16	1, 27, 36, 13	1, 29, 13, 17	15, 17, 27	13, 1, 26, 12	16, 40	13, 29, 1, 40	35	35, 13, 8, 1	35, 12	35, 19, 1, 37	1, 28, 13, 27	11, 13, 1	1, 3, 10, 32	27, 1, 4	35, 16	27, 26, 18	28, 24, 27, 1	28, 26, 27, 1
33	사용의 편의성	25, 2, 13, 15	6, 13, 1, 25	1, 17, 13, 12	-	1, 17, 13, 16	18, 16, 15, 39	1, 16, 35, 15	4, 18, 39, 31	18, 13, 34	28, 13, 35	2, 32, 12	15, 34, 29, 28	32, 35, 30	32, 40, 3, 28	29, 3, 8, 25	1, 16, 25	26, 27, 13	13, 17, 1, 24	1, 13, 24
34	유지 보수의 용이성	2, 27, 35, 11	2, 27, 35, 11	1, 28, 10, 25	3, 18, 31	15, 13, 32	16, 25	25, 2, 35, 11	1	34, 9	1, 11, 10	13	1, 13, 2, 4	2, 35	11, 1, 2, 9	11, 29, 28, 27	1	4, 10	15, 1, 13	15, 1, 28, 16
35	적응성	1, 6, 15, 8	19, 15, 29, 16	35, 1, 29, 2	1, 35, 16	35, 30, 29, 7	15, 16	15, 35, 29	-	35, 10, 14	15, 17, 20	35, 16	15, 37, 1, 8	35, 30, 14	35, 3, 32, 6	13, 1, 35	2, 16	27, 2, 3, 35	6, 22, 26, 1	19, 35, 29, 13
36	장치의 복잡성	26, 30, 34, 36	2, 26, 35, 39	1, 19, 26, 24	26	14, 1, 13, 16	6, 36	34, 26, 6	1, 16	34, 10, 28	26, 16	19, 1, 35	29, 13, 28, 15	2, 22, 17, 19	2, 13, 28	10, 4, 28, 15	-	2, 17, 13	24, 17, 13	27, 2, 29, 28
37	제어의 복잡성	27, 26, 28, 13	6, 13, 28, 1	16, 17, 26, 24	26	2, 13, 18, 17	2, 39, 30, 16	29, 1, 4, 16	2, 18, 26, 31	3, 4, 16, 35	30, 28, 40, 19	35, 36, 37, 32	27, 13, 1, 39	11, 22, 39, 30	27, 3, 15, 28	19, 29, 39, 25	25, 34, 6, 35	3, 27, 35, 16	2, 24, 26	35, 38
38	자동화 정도	28, 26, 18, 35	28, 26, 35, 10	14, 13, 17, 28	23	17, 14, 13	-	35, 13, 16	-	28, 10	2, 35	13, 35	15, 32, 1, 13	18, 1	25, 13	6, 9	-	26, 2, 19	8, 32, 19	2, 32, 13
39	생산성	35, 26, 24, 37	28, 27, 15, 3	18, 4, 28, 38	30, 7, 14, 26	10, 26, 34, 31	10, 35, 17, 7	2, 6, 34, 10	35, 37, 10, 2	-	28, 15, 10, 36	10, 37, 14	14, 10, 34, 40	35, 3, 22, 39	29, 28, 10, 18	35, 10, 2, 18	20, 10, 16, 38	35, 21, 28, 10	26, 17, 19, 1	35, 10, 38, 19

한 특성을 개선하려 할 때 악화되는 다른 특성

20	21	22	23	24	25	26	27	28	29	30	31	32	33	34	35	36	37	38	39	발명원리	
-	12, 36 18, 31	6, 2 34, 19	5, 35 3, 31	10, 24 35	10, 35 20, 28	3, 26 18, 31	3, 11 1, 27	28, 27 35, 26	28, 35 26, 18	22, 21 18, 27	22, 35 31, 39	27, 28 1, 36	35, 3 2, 24	2, 27 28, 11	29, 5 15, 8	26, 30 36, 34	28, 29 26, 32	26, 35 18, 19	35, 3 24, 37	분할	1
18, 19 28, 1	15, 19 18, 22	18, 19 28, 15	5, 8 13, 30	10, 15 35	10, 20 35, 26	19, 6 18, 26	10, 28 8, 3	18, 26 28	10, 1 35, 17	2, 19 22, 37	35, 22 1, 39	28, 1 9	6, 13 1, 32	2, 27 28, 11	19, 15 29	1, 10 26, 39	25, 28 17, 15	2, 26 35	1, 28 15, 35	추출	2
-	1, 35	7, 2 35, 39	4, 29 23, 10	1, 24	15, 2 29	29, 35	10, 14 29, 40	28, 32 4	10, 28 29, 37	1, 15 17, 24	17, 15	1, 29 17	15, 29 35, 4, 7	1, 28 10	14, 15 1, 16	1, 19 26, 24	35, 1 26, 24	17, 24 26, 16	14, 4 28, 29	국부적 품질	3
-	12, 8	6, 28	10, 28 24, 35	24, 26	30, 29	-	15, 29 28	32, 28	2, 32 10	1, 18	-	15, 17 27	2, 25	3	1, 35	1, 26	26	-	30, 14 7, 26	비대칭	4
-	19, 10 32, 18	15, 17 30, 26	10, 35 2, 39	30, 26	26, 4	29, 30 6, 13	29, 9	26, 28 32, 3	2, 32	22, 33 28, 1	17, 2 18, 39	13, 1 26, 24	15, 17 13, 16	15, 13 10, 1	15, 30	14, 1 13	2, 36 26, 18	14, 30 28, 23	10, 26 34, 2	통합	5
-	17, 32	17, 7 30	10, 14 18, 39	30, 16	10, 35 4, 18	2, 18 40, 4	32, 35 40, 4	26, 28 32, 3	2, 29 18, 36	27, 2 39, 35	22, 1 40	40, 16	16, 4	16	15, 16	1, 18 36	2, 35 30, 18	23	10, 15 17, 7	다용도	6
-	35, 6 13, 18	7, 15 13, 16	36, 39 34, 10	2, 22	2, 6 34, 10	29, 30 7	14, 1 40, 11	26, 28	25, 28 2, 16	22, 21 27, 35	17, 2 40, 1	29, 1 40	15, 13 30, 12	10	15, 29	26, 1	29, 26 4	35, 34 16, 24	10, 6 2, 34	포개기	7
-	30, 6	-	10, 39 35, 34	-	35, 16 32 18	35, 3	2, 35 16	-	35, 10 25	34, 39 19, 27	30, 18 35, 4	35	-	1	-	1, 31	2, 17 26	-	35, 37 10, 2	공중 부양	8
-	19, 35 38, 2	14, 20 19, 35	10, 13 28, 38	13, 26	-	18, 19 29, 38	11, 35 27, 28	28, 32 1, 24	10, 28 32, 25	1, 28 35, 23	2, 24 35, 21	35, 13 8, 1	32, 28 13, 12	34, 2 28, 27	15, 10 26	10, 28 4, 34	3, 34 27, 16	10, 18	-	사전 반대조치	9
1, 16 36, 37	19, 35 18, 37	14, 15	8, 35 40, 5	-	10, 37 36	14, 29 18, 36	3, 35 13, 21	35, 10 23, 24	28, 29 37, 36	1, 3 40, 18	13, 3 36, 24	15, 37 18, 1	1, 28 3, 25	15, 1 11	15, 17 18, 20	26, 35 10, 18	36, 37 10, 19	2, 35	3, 28 35, 37	사전 조치	10
-	10, 35 14	2, 36 25	10, 36 3, 37	-	37, 36 4	10, 14 36	10, 13 19, 35	6, 28 25	3, 35	22, 2 37	2, 33 27, 18	1, 35 16	11	2	35	19, 1 35	2, 36 37	35, 24	10, 14 35, 37	사전 예방	11
-	4, 6 2	14	35, 29 3, 5	-	14, 10 34, 17	36, 22	10, 40 16	28, 32 1	32, 30 40	22, 1 2, 35	35, 1	1, 32 17, 28	32, 15 26	2, 13 1	1, 15 29	16, 29 1, 28	15, 13 39	15, 1 32	17, 26 34, 10	높이 맞추기	12
27, 4 29, 18	32, 35 27, 31	14, 2 39, 6	2, 14 30, 40	-	35, 27	15, 32 35	-	13	18	35, 24 30, 18	35, 40 27, 39	35, 19	32, 35 30	2, 35 10, 16	35, 30 34, 2	2, 35 22, 26	35, 22 39, 23	1, 8 35	23, 35 40, 3	반대로 하기	13
35	10, 26 35, 28	35	35, 28 31, 40	-	29, 3 28, 10	29, 10 27	11, 3	3, 27 16	3, 27	18, 35 37, 1	15, 35 22, 2	11, 3 10, 32	32, 40 25, 2	27, 11 3	15, 3 32	2, 13 25, 28	27, 3 15, 40	15	29, 35 10, 14	구형화	14
-	19, 10 35, 38	-	28, 27 3, 18	10	20, 10 28, 18	3, 35 10, 40	11, 2 13	3	3, 27 16, 40	22, 15 33, 28	21, 39 16, 22	27, 1 4	12, 27	29, 10 27	1, 35 13	10, 4 29, 15	19, 29 39, 35	6, 10	35, 17 14, 19	역동성	15
-	16	-	27, 16 18, 38	10	28, 20 10, 16	3, 35 31	34, 27 6, 40	10, 26 24	-	17, 1 40, 33	22	35, 10	1	1	2	-	25, 34 6, 35	1	20, 10 16, 38	과부족 조치	16
-	2, 14 17, 25	21, 17 35, 38	21, 36 29, 31	-	35, 28 21, 18	3, 17 30, 39	19, 35 3, 10	32, 19 24	24	22, 33 35, 2	22, 35 2, 24	26, 27	26, 27	4, 10 16	2, 18 27	2, 17 16	3, 27 35, 31	26, 2 19, 16	15, 28 35	차원 바꾸기	17
32, 35 1, 15	32	13, 16 1, 6	13, 1	1, 6	19, 1 26, 17	1, 19	-	11, 15 32	3, 32	15, 19	35, 19 32, 39	19, 35 28, 26	28, 26 19	15, 17 13, 16	15, 1 19	6, 32 13	32, 15	2, 26 10	2, 25 16	기계적 진동	18
-	6, 19 37, 18	12, 22 15, 24	35, 24 18, 5	-	35, 38 19, 18	34, 23 16, 18	19, 21 11, 27	3, 1 32	-	1, 35 6, 27	2, 35 6	28, 26 30	19, 35	1, 15 17, 28	15, 17 13, 16	2, 29 27, 28	35, 38	32, 2	12, 28 35	주기적 작용	19
	-	-	28, 27 18, 31	-	-	3, 35 31	10, 36 23	-	-	10, 2 22, 37	19, 22 18	1, 4	-	-	-	-	19, 35 16, 25	-	1, 6	유용한 작용의 지속	20
-		10, 35 38	28, 27 18, 38	10, 19	35, 20 10, 6	4, 34 19	19, 24 26, 31	32, 15 2	32, 2	19, 22 31, 2	2, 35 18	26, 10 34	26, 35 10	35, 2 10, 34	19, 17 34	20, 19 30, 34	19, 35 16	28, 2 17	28, 35 34	고속 처리	21
-	3, 38		35, 27 2, 37	19, 10	10, 18 32, 7	7, 18 25	11, 10 35	32	-	21, 22 35, 2	21, 35 2, 22	-	35, 32 1	2, 19	-	7, 23	35, 3 15, 23	2	28, 10 29, 35	전화위복/해로움을 이로움으로	22
28, 27 12, 31	28, 27 18, 38	35, 27 2, 31		-	15, 18 35, 10	6, 3 10, 24	10, 29 39, 35	16, 34 31, 28	35, 10 24, 31	33, 22 30, 40	10, 1 34, 29	15, 34 33	32, 28 2, 24	2, 35 34, 27	15, 10 2	35, 10 28, 24	35, 18 10, 13	35, 10 18	28, 35 10, 23	피드백	23
-	10, 19	19, 10	-		24, 26 28, 32	24, 28 35	10, 28 23	-	-	22, 10 1	10, 21 22	32	27, 22	-	-	-	35, 33	35	13, 23 15	매개체	24
1	35, 20 10, 6	10, 5 18, 32	35, 18 10, 39	24, 26 28, 32		35, 38 18, 16	10, 30 4	24, 34 28, 32	24, 26 28, 18	35, 18 34	35, 22 18, 39	35, 28 34, 4	4, 28 10, 34	32, 1 10	35, 28	6, 29	18, 28 32, 10	24, 28 35, 30	-	셀프 서비스	25
3, 35 31	35	7, 18 25	6, 3 10, 24	24, 28 35	35, 38 18, 16		18, 3 28, 40	13, 2 28	33, 30	35, 33 29, 31	3, 35 40, 39	29, 1 35, 27	35, 29 25, 10	2, 32 10, 25	15, 3 29	3, 13 27, 10	3, 27 29, 18	8, 35	13, 29 3, 27	복제	26
36, 23	21, 11 26, 31	10, 11 35	10, 35 29, 39	10, 28	10, 30 4	21, 28 40, 3		32, 3 11, 23	11, 32 1	27, 35 2, 40	35, 2 40, 26	-	27, 17 40	1, 11	13, 35 8, 24	13, 35 1	27, 40 28	11, 13 27	1, 35 29, 38	일회용품/값싸고 짧은 수명	27
-	3, 6 32	26, 32 27	10, 16 31, 28	-	24, 34 28, 32	2, 6 32	5, 11 1, 23		-	28, 24 22, 26	3, 33 39, 10	6, 35 25, 18	1, 13 17, 34	1, 32 13, 11	13, 35 2	27, 35 10, 34	26, 24 32, 28	28, 2 10, 34	10, 34 28, 32	기계 시스템의 대체	28
-	32, 2	13, 32 2	35, 31 10, 24	-	32, 26 28, 18	32, 30	11, 32 1	-		26, 28 10, 36	4, 17 34, 26	-	1, 32 35, 23	25, 10	-	26, 2 18	-	26, 28 18, 23	10, 18 32, 39	공기식/수압식 구조물	29
10, 2 22, 37	19, 22 31, 2	21, 22 35, 2	33, 22 19, 40	22, 10 2	35, 18 34	35, 33 29, 31	27, 24 2, 40	28, 33 23, 26	26, 28 10, 18		-	24, 35 2	2, 25 28, 39	35, 10 2	35, 11 22, 31	22, 19 29, 40	22, 19 29, 40	33, 3 34	22, 35 13, 24	유연한 막 또는 얇은 필름	30
19, 22 18	2, 35 18	21, 35 2, 22	10, 1 34	10, 21 29	1, 22	3, 24 39, 1	24, 2 40, 39	3, 33 26	4, 17 34, 26	-		-	-	-	-	19, 1 31	2, 21 27, 1	2	22, 35 18, 39	다공질 재료	31
1, 4	27, 1 12, 24	19, 35	15, 34 33	32, 24 18, 16	35, 28 34, 4	35, 23 1, 24	-	1, 35 12, 18	-	24, 2	-		2, 5 13, 16	35, 1, 25 11, 9	2, 13 15	27, 26 1	6, 28 11, 1	8, 28 1	35, 1 10, 28	색상 변경	32
-	35, 34 2, 10	2, 19 13	28, 32 2, 24	4, 10 27, 22	4, 28 10, 34	12, 35	17, 27 8, 40	25, 13 2, 34	1, 32 35, 23	2, 25 28, 39	-	2, 5 12		12, 26 1, 32	15, 34 1, 16	32, 26 12, 17	-	1, 34 12, 3	15, 1 28	동질성	33
-	15, 10 32, 2	15, 1 32, 19	2, 35 34, 27	-	32, 1 10, 25	2, 28 10, 25	11, 10 1, 16	10, 2 13	25, 10	35, 10 2, 16	-	1, 35 11, 10	1, 12 26, 15		7, 1 4, 16	35, 1, 25 13, 11	-	34, 35 7, 13	1, 32 10	폐기 및 재생	34
-	19, 1 29	18, 15 1	15, 10 2, 13	-	35, 28	3, 35 15	35, 13 8, 24	35, 5 1, 10	-	35, 11 32, 31	-	1, 13 31	15, 34 1, 16, 7	1, 16 7, 4		15, 29 37, 28	1	27, 34 35	35, 28 6, 37	속성 변환	35
-	20, 19 30, 34	10, 35 13, 2	35, 10 28, 29	-	6, 29	13, 3 27, 10	13, 35 1	2, 26 10, 34	26, 24 32	22, 19 29, 40	19, 1	27, 26 1, 13	27, 9 26, 24	1, 13	29, 15 28, 37		15, 10 37, 28	15, 1 24	12, 17 28	상전이	36
19, 35 16	19, 1 16, 10	35, 3 15, 19	1, 18 10, 24	35, 33 27, 22	18, 28 32, 9	3, 27 29, 18	27, 40 28, 8	26, 24 32, 28	-	22, 19 29, 28	2, 21	5, 28 11, 29	2, 5	12, 26	1, 15	15, 10 37, 28		34, 21	35, 18	열팽창	37
-	28, 2 27	23, 28	35, 10 18, 5	35, 33	24, 28 35, 30	35, 13	11, 27 32	28, 26 10, 34	28, 26 18, 23	2, 33	2	1, 26 13	1, 12 34, 3	1, 35 13	27, 4 1, 35	15, 24 10	34, 27 25		5, 12 35, 26	산화 가속	38
1	35, 20 10	28, 10 29, 35	28, 10 35, 23	13, 15 23	-	35, 38	1, 35 10, 38	1, 10 34, 28	18, 10 32, 1	22, 35 13, 24	35, 22 18, 39	35, 28 2, 24	1, 28, 7, 10	1, 32 10, 25	1, 35 28, 37	12, 17 28, 24	35, 18 27, 2	5, 12 35, 26		불활성 환경	39
																				복합 재료	40

부록 4 과학적 효과

필요한 효과 또는 특성	필요한 효과나 속성을 제공하는 물리적 현상과 과학적 효과
온도 측정	▪ 열팽창과 그것이 자연주파수에 미치는 영향 ▪ 열전현상 ▪ 복사 스펙트럼 ▪ 물질의 광학적, 전기적, 자기적 특성 변화 ▪ 퀴리점 이상에서의 전이 ▪ 홉킨스 효과, 바크하우젠 효과, 제백 효과(Hopkins, Barkhausen and Seebeck effects)
온도 낮추기	▪ 상전이 ▪ 줄 톰슨 효과(Joule-Thomson effect) ▪ 랑크 효과(Ranque effect) ▪ 자기 열량 효과 ▪ 열전 현상
온도 높이기	▪ 전자기 유도 ▪ 와전류 ▪ 표면 효과 ▪ 유전 가열 ▪ 전자 가열 ▪ 전기 방전 ▪ 물질에 의한 복사선 흡수 ▪ 열전 현상
온도 안정화	▪ 퀴리점 이상에서 전이를 포함한 상전이
대상물 위치 찾기	▪ 표식(maker)의 도입, 즉 기존 장을 바꿀 수 있는 물질(luminophores와 같이) 또는 스스로 장을 만드는 물질(강자성 물질과 같이). 그러므로 이런 물질은 빛 사진 효과 변형의 반사와 발산을 검출하기 쉽다. ▪ 방사능 및 X-ray 방사 ▪ 발광 ▪ 전기 또는 자기장에서의 변화 ▪ 전기 방전 ▪ 도플러 효과
대상물 이동하기	▪ 대상물에 영향을 주는 자기장 또는 대상물에 부착된 자석 ▪ 직류전류가 흐르는 전도체에 영향을 주기 위해 적용되는 자기장 ▪ 전기적으로 충전된 대상물에 영향을 주기 위해 적용되는 전기장 ▪ 액체 또는 기체에서의 압력 전달 ▪ 기계적 진동 ▪ 원심력 ▪ 열팽창 ▪ 빛의 압력

필요한 효과 또는 특성	필요한 효과나 특성을 제공하는 물리적 현상과 과혁적 효과
액체나 가스 이동하기	▪ 모세관 힘 ▪ 삼투 현상 ▪ 톰스 효과 ▪ 파동 ▪ 베르누이 효과 ▪ 와이젠버그 효과(Weissenberg effect)
에어로졸 (먼지, 연기, 안개 등) 이동하기	▪ 대전(帶電, electrization) ▪ 전기장 또는 자기장 걸기 ▪ 빛의 압력
혼합물 만들기	▪ 초음파 ▪ 공동 현상(cavitation) ▪ 확산 ▪ 전기장 걸기 ▪ 자성재료와 결합하여 자기장 걸기 ▪ 전기 영동 ▪ 가용화
혼합물 분리하기	▪ 전기 및 자기를 이용한 분리 ▪ 액체의 의사점도를 바꾸기 위해 적용되는 전기장과 자기장 ▪ 원심력 ▪ 수착(收着, sorption) ▪ 확산 ▪ 삼투 현상
대상물의 위치 안정화	▪ 전기장 또는 자기장 걸기 ▪ 전기장이나 자기장의 영향으로 경화시켜 액체 고정하기 ▪ 자이로스코프 효과 ▪ 반작용력
힘을 만들거나 다루기	▪ 높은 압력 만들기 ▪ 자성체에 자기장 걸기 ▪ 상전이 ▪ 열팽창 ▪ 원심력 ▪ 자기장 내에서 전도체 또는 자성액체의 의사점도에 영향을 주어 유체의 정력학적 힘을 바꾸기 ▪ 폭발물의 사용 ▪ 전자유압 효과 ▪ 광 유압 효과 ▪ 삼투현상

필요한 효과 또는 특성	필요한 효과나 특성을 제공하는 물리적 현상과 과혁적 효과
마찰 변화시키기	▪ 존슨 라백 효과(Johnson-Rabeck effect) ▪ 복사 영향 ▪ 특이한 저마찰 효과 ▪ 비마모성 마찰 효과
대상물 깨뜨리기	▪ 전기 방전 ▪ 전자 유압식 효과 ▪ 공진 ▪ 초음파 ▪ 공동 현상(cavitation) ▪ 레이저의 사용
기계 및 열 에너지의 저장	▪ 탄성 변형 ▪ 자이로스코프 ▪ 상전이
기계, 열, 복사, 전기변형을 통한 에너지 전달	▪ 진동 ▪ 알렉산드로프 효과(Alexandrov effect) ▪ 충격파를 포함하는 파동 ▪ 복사 ▪ 열전도 ▪ 대류 ▪ 빛의 반사 ▪ 광섬유 ▪ 레이저 ▪ 전자기유도 ▪ 초전도성
움직이는 대상물에 영향 미치기	▪ 물리적 접촉 없이 전기장 또는 자기장 걸기
치수 측정하기	▪ 고유 진동수 측정 ▪ 자기 또는 전기 표식(maker)을 적용하고 검출하기
치수 변화시키기	▪ 열팽창 ▪ 변형 ▪ 자기 변형 ▪ 압전 현상
표면 특성 및/또는 상태 검출하기	▪ 전기 방전 ▪ 빛의 반사 ▪ 전자 방출 ▪ 모아레 효과 ▪ 복사 ▪ 확산 ▪ 바우싱거 효과(Bauschinger effect) ▪ 전기 방전 ▪ 기계 진동 또는 음향 진동 ▪ 자외선 복사

필요한 효과 또는 특성	필요한 효과나 특성을 제공하는 물리적 현상과 과혁적 효과
부피 특성 및/또는 상태 검출하기	▪ 표식(maker)의 도입: 기존 장을 바꿀 수 있는 물질(luminophores와 같이) 또는 스스로 장을 만드는 물질(강자성 물질과 같이) ▪ 물체의 구조나 특성 변동에 따라 전기저항 바꾸기 ▪ 빛과의 상호작용 ▪ 광전기 및/또는 광자기 현상 ▪ 편광 ▪ 방사선과 X-선 복사 ▪ 전자 상자성 또는 핵자기 공명 ▪ 자기 탄성 효과 ▪ 퀴리점 이상에서의 전이 ▪ 홉킨스 및 바크하우젠 효과(Hopkins and Barkhausen effect) ▪ 초음파 ▪ 뫼스바우어 효과(Moessbauer effect) ▪ 홀 효과(Hall effect)
부피 특성 변화시키기	▪ 액체의 특성(의사점도, 유동성)을 바꾸기 위해 전기장 또는 자기장 걸기 ▪ 자성물질의 도입을 통한 자기장이 주는 영향 ▪ 가열 ▪ 상전이 ▪ 전기장에 의한 이온화 ▪ 자외선, X-선 또는 방사선 복사 ▪ 변형 ▪ 확산 ▪ 전기장 또는 자기장 ▪ 바우싱거 효과(Bauschinger effect) ▪ 열전, 열자기 또는 광자기 효과 ▪ 공동 현상(cavitation) ▪ 광착색 효과(photochromatic effect) ▪ 내부 사진 효과
특정 구조를 만들거나 안정화하기	▪ 간섭 ▪ 정지파(standing waves) ▪ 모아레 효과(Moire effect) ▪ 자기파(magnetic waves) ▪ 상전이 ▪ 기계 진동과 음향 진동 ▪ 공동 효과(cavitation)

필요한 효과 또는 특성	필요한 효과나 특성을 제공하는 물리적 현상과 과혁적 효과
전기장 및 자기장 검출하기	▪ 삼투 현상 ▪ 대전(帶電, Electrization) ▪ 전기 방전 ▪ 압전 효과와 세그네토 전기 효과(Piezo-and segneto-electrical effect) ▪ 일렉트렛(electrets) ▪ 전자 방출 ▪ 광전기 현상 ▪ 홉킨스 및 바크하우젠 효과(Hopkins and Barkhausen effect) ▪ 홀 효과(Hall effect) ▪ 핵자기공명 ▪ 자기자이로 및 광자기 현상
복사에너지 검출하기	▪ 광 음향 효과 ▪ 열팽창 ▪ 사진 효과 ▪ 발광 현상 ▪ 광플라스틱 효과
전자기 복사선 만들기	▪ 조셉슨 효과(Josephson effect) ▪ 복사 유도 ▪ 터널 효과 ▪ 발광 ▪ 한 효과(Hann effect) ▪ 체렌코프 효과(Cherenkov effect)
전자기장 제어하기	▪ 스크린의 사용 ▪ 특성 바꾸기(예, 전기전도성 바꾸기) ▪ 대상물의 형태 바꾸기
빛, 광변조 제어하기	▪ 빛의 굴절과 반사 ▪ 광전기, 광자기 현상 ▪ 광 탄성(photo elasticity) ▪ 키르 패러데이 효과(Kerr and faraday effect) ▪ 한 효과(Hann effect) ▪ 프란츠 켈디쉬 효과(Franz-Keldysh effect)
화학반응의 개시 및 강화	▪ 초음파 ▪ 공동 현상(cavitation) ▪ 자외선, X-선 및 방사선 복사 ▪ 전기 방전 ▪ 충격파

부록 5 분리원리와 발명원리의 관계

발명원리 \ 분리원리	공간	시간	조건	시스템
1	▢	⌛		🔍
2	▢			
3	▢			🔍
4	▢			
5				🔍
6				🔍
7	▢	⌛		
8				🔍
9		⌛		
10		⌛		
11		⌛		
12				🔍
13	▢			🔍
14	▢			
15		⌛		
16		⌛		
17	▢			
18		⌛		
19		⌛		
20		⌛		
21		⌛		
22				🔍
23				🔍
24	▢	⌛		
25				🔍
26	▢	⌛		
27		⌛		🔍
28			C	
29		⌛	C	
30	▢			
31			C	
32			C	
33				🔍
34		⌛		
35			C	
36			C	
37		⌛		
38			C	
39			C	
40	▢			🔍

부록 6 생각해보기 풀이

생각해보기 01 풀이

1. 수행하는 주기능을 정형화하라.
   - 면도기 : 면도기가 수염을 깎는다.
   - 칫솔 : 칫솔이 이빨을 닦는다.
   - 우편함 : 우편함이 편지를 모은다.
   - 컴퓨터 키보드 : 키보드가 입력값을 전달한다.
   - 회중전등 : 회중전등이 주변을 비춘다.
   - 스키 : 스키가 스키어를 이동시킨다.

2. 제시된 대상의 구성요소들이 수행하는 보조기능을 나열하라.

   보조기능을 하는 성분 중 한 가지만 정형화했고, 더 나열할 수 있다.
   - 면도기 : 면도날 홀더가 면도날을 끼운다.
   - 칫솔 : 손잡이가 잘 잡도록 해준다.
   - 우편함 : 우편함 덮개가 편지유실을 막는다.
   - 컴퓨터 키보드 : 하드웨어가 데이터를 저장한다.
   - 회중전등 : 건전지가 전구를 밝힌다.
   - 스키 : 스키부츠가 스키를 고정한다.

3. 열싱크(A)는 PCB 사용중 칩(B)의 열 발산을 돕지만, 제조공정에서 칩(B)의 용접에 방해가 되고 있다. 이상성 전략 중, 해로운 작용을 제거하거나 중화하기 위해서 새로운 도구의 도입이 있다. 이 경우는 그 중에서 '해로운 작용을 중화하는' 새로운 도구(AT)의 도입이 필요하다. 용접 중에 열손실로 인한 용접불량을 해결하기 위해 열싱크 부분에 부분 가열하는 장치를 도입한다.

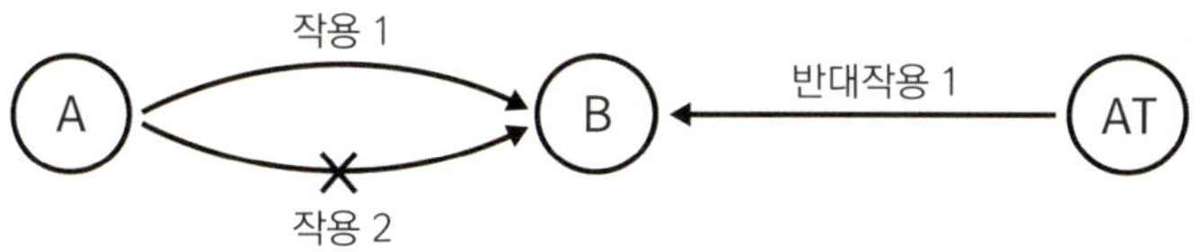

생각해보기 02 풀이

원래의 기술시스템	단면 후라이팬
개선된 기술시스템	양면 후라이팬
바뀐 점	가열이 가능한 뚜껑, 배료비 증가, 무게 증가
개선된 유용한 기능	양면 사용 가능, 빠른 조리, 에너지 절감
줄어든 비용	사용에너지 절감
제거된 해로운 기능	연기, 냄새 감소

생각해보기 05 풀이

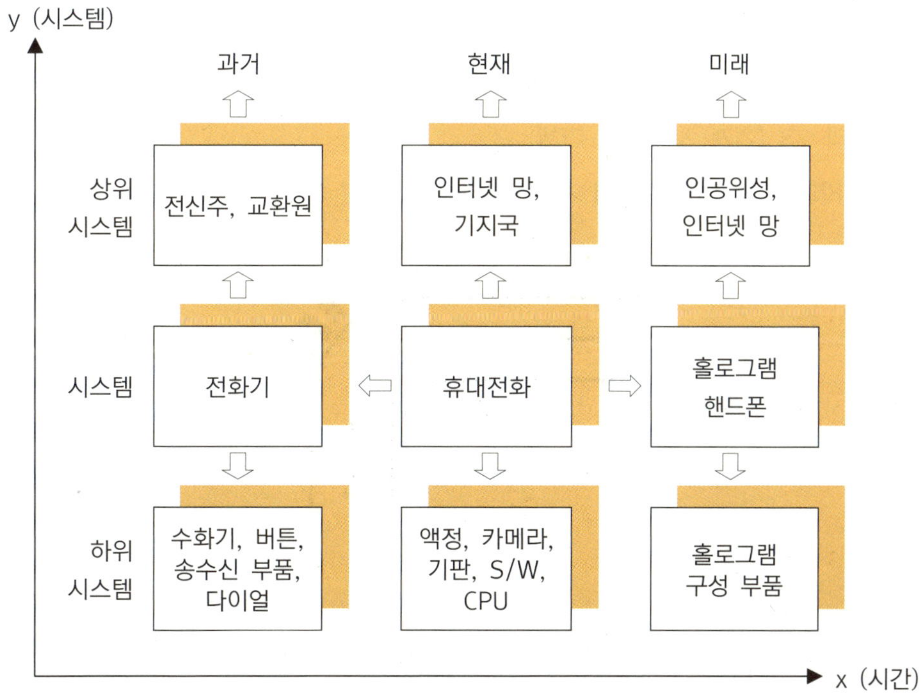

생각해보기 06 풀이

1. 금속 알갱이 이송 파이프 파손

① 기술적 모순 :

금속 알갱이 이송 속도를 높이면 파이프 마모로 인한 고장이 악화된다.

② 개선되는 특성과 악화되는 특성 :

개선되는 특성	악화되는 특성
속도	물질의 손실

③ 모순 매트릭스를 사용, 발명원리 :

개선되는 특성	악화되는 특성	발명원리
속도 - TP09	물질의 손실 - TP23	10, 13, 28, 38

④ 해결방안 :

발명원리 28 (기계 시스템의 대체)

금속 파이프의 휘어진 부분에 자석을 붙인다.

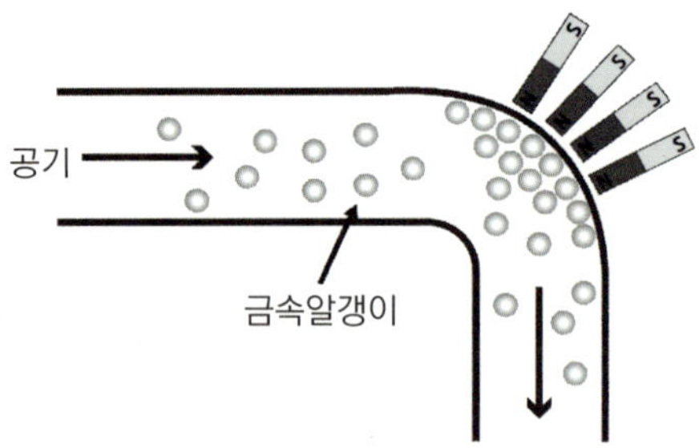

2. 맛있는 국수

① 기술적 모순 : (강력분 밀가루) 씹는 맛은 뛰어나지만 쫄깃하고 부드러운 맛이 부족하다.
(중력분 밀가루) 쫄깃하고 부드러운 맛은 좋지만 씹는 맛이 부족하다.

- 관련 발명원리 : #3(국부적 품질), #17(차원 바꾸기)를 적용해서 해결책을 도출할 수 있다.
- 해결책 : 국수에서 부드러워야 하는 부분은 표면이며, 씹는 맛이 있어야 하는 부분은 국수의 내부 부분이다. 따라서 다음 그림과 같이 이중 구조를 가진 국수를 만들면 씹는 맛과 함께 쫄깃하고 부드러운 맛을 즐길 수 있을 것이다.

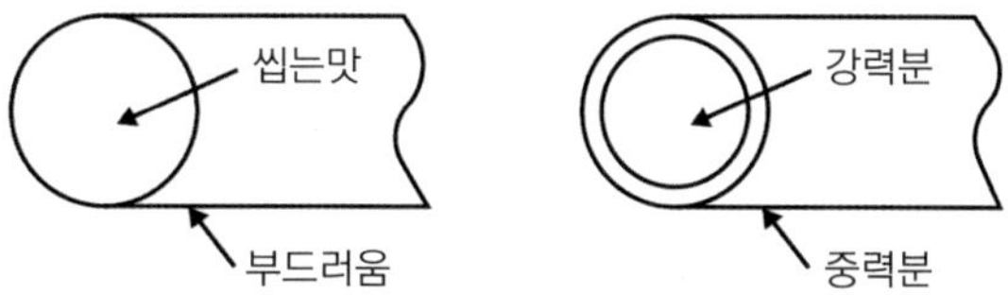

② 물리적 모순 : 씹는 맛을 강조할 수도 없고 씹는 맛을 포기할 수도 없다. 쫄깃하고 부드러운 맛을 강조할 수도 없으며 또한 포기할 수도 없다.
공간으로 분리를 사용, 국수에서 부드러워야 하는 부분과 씹는 맛이 나는 부분을 분리해서 모순을 해결한다. 위의 ① 해결책 참조.

3. 뉴커먼 기관의 개선

① 기술적 모순 : 증기 효율을 유지하려면 실린더는 뜨거울수록 좋음
피스톤을 내리려면 증기를 응축시켜야 하므로 실린더 내부는 차가워야 함

물리적 모순 : (증기 효율)실린더는 뜨거워야 함 & (응축 증기)실린더는 차가워야 함

② 실린더는 뜨거워야 하지만 차가워야 하는 물리적 모순을 공간으로 분리해서 해결한다.

- 공간으로 분리 :
  - 증기 응축은 실린더가 아닌 다른 장치(냉각기)에서 실행(1769년)
  - 분리 응축기(Separate Condenser)를 실린더로부터 따로 분리해서 항상 차갑게 유지
  - 실린더는 항상 덥게 유지(실린더에서는 증기를 응축하지 않음)

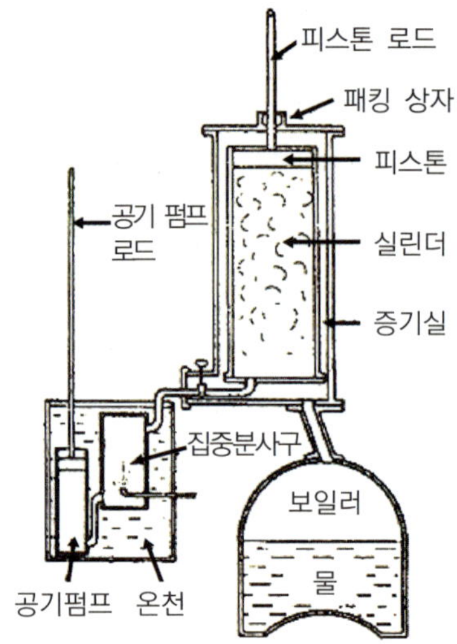

생각해보기 07 풀이

1. 기능의 일반화

문제	투명한 얼음을 만드는 방법은?
일반화	물에서 공기를 제거(분리)하는 방법은? / 액체에서 기체를 제거(분리)하는 방법은?

2. 종합 Query 작성

	동사(Verb)	형용사(Adjective)	목적어(Object)
기능	만든다	투명한	얼음
기능의 확장	freeze, make, generate, solidify, form, shape, produce, manufacture, frost, 생성한다, 형성한다, 만든다, 제조한다, 얼린다	transparent, clear, crystal, 투명한	ice, 얼음
종합 Query	(freeze OR make OR generate OR solidify OR form OR shape OR produce OR manufacture OR frost OR 생성한다 OR 형성한다 OR 만든다 OR 제조한다 OR 얼린다) AND (transparent OR clear OR crystal OR 투명한) AND (ice OR 얼음)		
Database	Google		

3. 적용가능한 아이디어 제시

아이디어		
작은 얼음 씨앗을 넣는다	→	내부부터 얼면서 기체가 밖으로 빠져나간다
그릇을 나무 젓가락 위에 올려놓는다	→	열전도가 낮아져 더 천천히 얼면서 기체가 더 많이 빠져나간다
물을 끓였다가 식혀서 얼린다	→	물을 끓이는 과정에서 내부의 기체가 빠져나간다
정수기 물을 사용한다	→	수돗물보다 불순물 함량이 낮다
외곽부가 얼었을 때 내부로 통하는 구멍을 뚫는다	→	내부에 갇힌 기체가 빠져나간다
조금 부어서 얼리고 다시 더 부어서 얼리는 layer식	→	내부에 기체를 가두지 않는다
고드름처럼 물을 흘리면서 얼린다	→	내부에 기체를 가두지 않는다

생각해보기 08 풀이

상황설명	기능 모델링	효과
어떻게 섞여 있는 기체를 분리할까?	 검색어: Separate Gas	▪ Porosity(다공성) : 다공성 필터로 거르기 ▪ Freeze Drying(동결건조) : 기체의 어는점 차이를 이용
어떻게 운동에너지를 전자기에너지로 변환할까?	 검색어: Transforming Kinetic energy to Electromagnetic energy	▪ Piezoelectric Effect(압전효과) : 압력에 대해 전력이 발생하는 소자 사용 ▪ Eddy Currents(와전류) : 금속 물체의 이동에 대해 상대물 내부에 발생하는 유도 전류를 이용

생각해보기 09 풀이

1.

제시된 아이디어	사용 장
파리채 어때요?	기계
깔끔하게 진공청소기로	전기, 기계
총으로 쏴버릴까?	화학, 기계
끈끈이를 이용해보자	화학
바람으로 날려버리자	전기, 기계
amazing flygun	기계
전 음악을 싫어해요	소리
파리약은 어때요	화학
얼리거나 가열해서 죽이는 것도 가능해!	열
결정화 가능한 액체로 덮어 버리자	화학
불로 다 태워버리면	열
파리는 어둠을 싫어해서 그걸 피하려고 할거야	전자기
전자레인지로 구워버리자	전기, 자기
거미의 식사거리로!	바이오
레이저 건 어때요	자기
파리의 행동양식을 이용할 수도	바이오
유전적으로 변형된 파리는 인간을 귀찮게 하지 않을 거야	바이오

2. **표준해** 1.2.1

유용한 작용과 해로운 작용이 동시에 두 개의 물질 사이에 생기고, 외부 물질의 사용이 가능하다면, 제3의 물질을 두 물질 사이에 도입해야 한다.

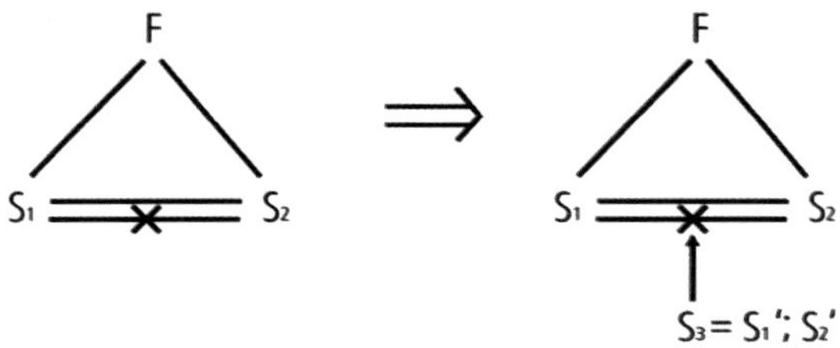

S_1과 S_2의 분리 물질로 외부 물질 S_3의 도입

S_3 물질로 비닐을 사용하면 성가신 문제가 해결된다.

3.

가장 간단한 장으로는 기계장이 있는데 파이프에 충격을 가해서 소리의 전달속도를 측정한다면 어떨까? 흐르는 방향으로 소리의 전달속도가 빨라질 것이다. 하지만 그 증가 정도가 크지 않아 그 차이를 검출하기란 거의 불가능하다. 마지막으로 남은 장으로 열장을 생각해 보자. 파이프 위에 어떤 물질(예, 신문지 등)을 태워 열을 가하면, 열을 가한 지점에서 흐르는 방향으로 열을 전달하는 정도가 액체 흐름 반대방향보다 크므로 액체가 흐르는 방향으로 파이프 온도가 더 높아질 것이다. 열을 가한 지점에서 파이프 양방향에서 온도차는 손으로 만져 확인할 수 있을 것이다.

참고문헌

1. 겐리흐 알트슐러 저, 박성균 역, 2005, 그러자 갑자기 발명가가 나타났다, 도서출판 인터비전.
2. 겐리흐 알트슐러 저, 박성균 역, 2011, 새로운 방식의 트리즈, GS인터비전.
3. 겐리흐 알트슐러 저, 박성균, 박선순 공역, 2012, 트리즈는 과학이다, GS인터비전.
4. 겐리흐 알트슐러 저, editor 셀류츠키, 박성균, 윤기섭, 최윤희 공역, 2012, 40가지 원리, GS인터비전.
5. 김대석, 박성균, 유철중 공저, 2010, 창의적 공학설계, GS인터비전.
6. 존 터닌코 저, 한국트리즈협회 역, 2003, 체계적인 이노베이션, 한국트리즈협회.
7. Adunka R., 2008, TRIZ Lecture (Presentation slides).
8. Altshuller G.S., Trans. Williams A., 1984, Creativity as an exact science, CRC Press.
9. Belski I., 2007, Improve Your Thinking: Substance-field Analysis, TRIZ4U.
10. Cascini G. et al., 2009, TETRIS(teaching TRIZ at school), Education and Culture DG., [www.tetris-project.org]
11. Darrell M., 2002, Hands on Systematic Innovation, Creax.
12. Dubois S., Rasovska I., Guio D.R., 2008, Comparison of non solvable problem solving principles issued from CSP and TRIZ, IFIP 20th World Computer Congress (WCC 2008), Springer.
13. Future of Jobs Survey; employment, skills and workforce strategy for the fourth industrial revolution, 2016, World Economic Forum, [http://www3.weforum.org/docs/WEF_Future_of_Jobs.pdf]
14. Karen Gadd 저, 홍현필, 송수석, 전영록, 박성균, 최윤희 공역, 2015, 공학자를 위한 트리즈, GS인터비전.

15. Larry K.B., 2004, Supplement to Breakthrough Thinking with TRIZ 2nd Edition, [https://triz-journal.com/supplement-breakthrough-thinking-triz-2nd-edition/]

16. Orloff M.A., 2012, Modern TRIZ, Springer.

17. Petrozavodsk, Karelia, 1989, "Rules of a Game Without Rules", (inRussian).

18. Phillip B. Messermith Research Group, [http://faculty.mccormick.northwestern.edu/phillip-messersmith/]

19. Rantanen. Domb 공저, 김병재, 박성균 공역, 2005, 알기쉬운 트리즈, 도서출판 인터비전.

20. R&BD Partners, 2017, 2017 대진대학교 TRIZ Level2 인증과정 강의자료집.

21. Seymon S., 2000, Engineering of Creativity: Introduction to TRIZ Methodology of Inventive Problem Solving, CRC Press.

22. Terninko J., Zusman A., & Zlotin B., 1998, Systematic Innovation: An Introduction to TRIZ(Theory of Inventive Problem Solving), CRC Press.

23. Tomasi F., Mann D., et.al., 2005, SUPPORT Training Materials.

24. Valery Krasnoslobodtsev, TRIZ Lessons, [www.triz.org/index.htm]

25. Victor Fey, Eugene Rivin 공저, 박성균 역, 2011, 창의성 공학의 길잡이, GS인터비전.

26. Vikentiev I. L., Yefremov V. I.: “Index of Geometric Effects", first published in the collection

27. Zusman A., Zlotin B., TRIZ Tutorial, Homepage Idealtion International Inc.

INDEX

TRIZ PRIZm

2018년 7월 5일 초판 인쇄

2018년 7월 10일 인쇄 발행

저　　자 한지영, 박성균, 김성희, 김병재

발 행 인 송기수

발 행 처 도서출판 GS인터비전

편 집 처 도서출판 GS인터비전

편 집 인 공예서

그림삽화 이이정은

표지디자인 디자인붐

인 쇄 처 더블비

등록번호 제 25100-2016-000050 호

ISBN 979-11-5576-248-6(93500)

주　　소 서울 은평구 증산로 15길 69 2층

전　　화 02-976-7898, 02-3272-7898.

팩　　스 02-6468-7898

홈페이지 gsintervision.co.kr

E-Mail gsinter7@gmail.com

정가 18,000원